新能源类专业教学资源库建设配套教材
太阳能光伏产业——硅材料系列教材

光伏材料检测技术

张 东　王晓忠　主编
胡小冬　梅 艳　贾 曦　副主编

化学工业出版社
·北京·

本书采用项目任务模式编写。主要内容包括多晶硅原辅料的检测、硅锭（棒）的检测、硅片的检测、晶体硅电池片的检测、光伏组件的检测、光伏系统的检测。本书可以作为高职高专太阳能光伏产业专业学生教材，同时可以作为企业对员工的岗位培训教材，也可以供相关专业的工程技术人员参考学习。

图书在版编目（CIP）数据

光伏材料检测技术/张东，王晓忠主编. —北京：化学工业出版社，2016.9（2024.11重印）
新能源类专业教学资源库建设配套教材　太阳能光伏产业——硅材料系列教材
ISBN 978-7-122-27879-1

Ⅰ.①光…　Ⅱ.①张…②王…　Ⅲ.①光电池-检测-高等学校-教材　Ⅳ.①TM914

中国版本图书馆 CIP 数据核字（2016）第 198113 号

责任编辑：潘新文　　　　　　　　　　装帧设计：韩　飞
责任校对：边　涛

出版发行：化学工业出版社（北京市东城区青年湖南街 13 号　邮政编码 100011）
印　　装：北京盛通数码印刷有限公司
787mm×1092mm　1/16　印张 10½　字数 256 千字　2024 年 11 月北京第 1 版第 7 次印刷

购书咨询：010-64518888　　　　　　　　售后服务：010-64518899
网　　址：http://www.cip.com.cn
凡购买本书，如有缺损质量问题，本社销售中心负责调换。

定　　价：36.00 元　　　　　　　　　　　　　　　　　　　版权所有　违者必究

前 言

目前我国大力发展太阳能光伏产业，需要大量的相关应用技术人才，尤其是光伏材料检测方面的技术人才，为此许多高职高专类院校开设了光伏检测专业，以培养这方面的应用型技术人才。鉴于目前光伏材料检测方面的高职高专教材比较缺乏，我们根据光伏材料产业链专业岗位群的需求，联合多家硅材料企业、光伏企业，邀请企业的工程技术专家参与，共同编写出这本光伏材料检测技术教材。

本书根据高等职业教育课程项目化教学改革理念，以职业能力培养为导向，以培养符合光伏材料检测领域应用型技术人才为目标，基于项目任务模式编写而成。本书内容突出高等职业教育技能培养的特色，在体系架构上体现工学结合的教学思路。在编写过程中，编者通过剖析光伏产业链检测岗位职业规范和国家相关光伏产品检测标准，进行了企业实地调研，了解企业对员工的知识、能力、素质结构的要求，结合这些标准和实际需求进行全书具体内容的组织编排，力求把理论与实训统一起来，实现技能训练与理论学习的有机结合。本书有效整合了多晶硅生产检测、晶体硅制备检测、硅片的检测、光伏组件检测等课程的内容，将光伏产业链的检测岗位考核内容融合于课程项目教学之中，在具有职业活动特色的项目情境中展开叙述，形成"能力为本，任务训练，学生为主，过程导向，项目搭载，课程一体化设计"的教学体系，实现工学结合的职业教育模式。

本书在各项目中设有任务目标和任务描述，并在后面附有习题，使学生能够明确学习内容、学习方式及应达到的课程实训要求，体现以学生自主学习为核心，达到提高教学效率的目的。

本书由张东、王晓忠主编，胡小冬、梅艳、贾曦为副主编，王丽、邓丰参加编写。诚恳感谢康伟超、尹建华、张和平、易正义等工程师的大力支持，感谢中山大学沈辉教授、刘勇、王学孟等老师的热情指导和帮助，他们提出了许多宝贵的意见和建议，在此表示衷心的感谢。

本书可作为高职高专太阳能光伏产业专业的教材，同时可以作为企业对员工的岗位培训教材，也可以供相关专业的工程技术人员参考。

由于时间仓促，书中可能会存在疏漏和不足之处，敬请广大读者和老师批评指正，以便我们将来不断修改完善。

编者

2016 年 5 月

目 录

项目一　多晶硅原辅料的检测 ·········· 1
任务一　三氯氢硅中痕量杂质的化学光谱检测 ·········· 1
任务二　三氯氢硅（四氯化硅）中硼的分析检测 ·········· 3
任务三　三氯氢硅（四氯化硅）中痕量磷的气相色谱检测 ·········· 5
任务四　工业硅中铁、铝含量的检测 ·········· 7
任务五　露点法检测气体中的水分 ·········· 9
任务六　气相色谱法检测干法 H_2 的组分 ·········· 11
任务七　氯化氢中水分的检测 ·········· 15
任务八　液氯中水分的检测 ·········· 16

项目二　硅锭（棒）的检测 ·········· 19
任务一　多晶硅中基硼、基磷含量的检测 ·········· 19
任务二　导电型号的检测 ·········· 21
任务三　电阻率的检测 ·········· 25
任务四　少子寿命的检测 ·········· 38
任务五　纯度的检测 ·········· 52
任务六　单晶硅定向的检测 ·········· 57
任务七　晶体硅中碳氧杂质含量的检测 ·········· 74
任务八　单晶硅中缺陷的检测 ·········· 78

项目三　硅片的检测 ·········· 92
任务一　太阳能电池用多晶硅片的检测 ·········· 92
任务二　硅片直径检测 ·········· 94
任务三　硅片厚度和总厚度的检测 ·········· 96
任务四　硅片弯曲度和翘曲度检测 ·········· 98
任务五　硅片参考面检测 ·········· 101
任务六　硅片平整度检测 ·········· 104
任务七　硅抛光片表面质量检验 ·········· 106

项目四　晶体硅电池片的检测 ·········· 108
任务一　晶体硅电池生产过程中光学性能的检测 ·········· 108
任务二　太阳电池片 I-V 特性测试 ·········· 110
任务三　电池漏电缺陷的红外检测技术 ·········· 116

项目五　光伏组件的检测 ·········· 121
任务一　光伏组件在生产过程中的检测 ·········· 121
任务二　光伏组件的电性能测试 ·········· 123

拓展项目　光伏系统的检测 ·· 128
　任务一　系统外观结构的检测 ·· 128
　任务二　电能质量的检测 ··· 130
　任务三　太阳电池阵列的检测 ·· 138
　任务四　逆变器的检测 ··· 141
　任务五　蓄电池与充放电控制检测 ··· 146
　任务六　防雷与接地的检测 ·· 148
　任务七　光伏系统自动检测 ·· 154

参考文献 ·· 161

项目一 多晶硅原辅料的检测

工业硅、氯化氢、氢气、液氯、三氯氢硅都是制备高纯多晶硅料的原辅料，对原辅料加强成分检测分析，是保证高纯多晶硅材料合格的前提。根据高纯多晶硅料的生产要求，在投产前必须对多晶硅原辅料进行产前成分检测分析，本项目针对生产中常见的多晶硅原辅料的检测要求进行检测分析。

任务一 三氯氢硅中痕量杂质的化学光谱检测

【任务目标】
1. 掌握化学光谱检测基本原理及分析方法。
2. 能对检测结果做出正确的判断。

【任务描述】
本任务主要检测三氯氢硅中的金属杂质含量。金属杂质会在多晶硅产品中形成缺陷。只有通过对三氯氢硅的精馏提纯才能除去其中的金属杂质，提高多晶硅产品的纯度；本任务采用自然挥发法制备标准液，然后采用化学光谱法进行检测分析。

【任务实施】
一、方法原理

$SiHCl_3$ 中含 Mn、Fe、Ni、Ti、Mg、Al、Pb、Ca、Cr、Cu、Su、Zn 等痕量杂质元素。对这些杂质的分析采用蒸发法，即用微量的高纯水与 $SiHCl_3$ 作用产生少量 SiO_2 水解物，SiO_2 对痕量杂质元素有吸附作用，基体在常温下用纯净氮气作载气进行慢挥发，残留的 SiO_2 用氢氟酸蒸气溶解除去，残渣用盐酸溶解，用溶液干渣法进行光谱测定。

二、主要试剂和仪器

(1) 氢氟酸 优级纯再经一次提纯（采用自制塑料蒸馏器，置于 70℃ 左右的水浴中提纯，弃去前后馏分各 10%）。

(2) 盐酸 优级纯再经石英亚沸蒸馏器提纯 2 次。

(3) 铍内标 KCl 载体混合溶液 每毫升含铍 $0.01\mu g$（溶液保持 5%HCl 浓度），KCl 含量 $0.67mg/ml$。

(4) 杂质标准溶液 用所测杂质元素的高纯金属或其氯化物、氧化物分别配制成 $1mg/ml$ 杂质元素的标准溶液（保持 5%～10%HCl 浓度），取一定量各杂质标准液分别合并成 $10\mu g/ml$、$3\mu g/ml$ 两种标准液，其中 Mn、Cu 含量分别为 $3\mu g/ml$、$1\mu g/ml$。然后再用此液分别依次逐级冲稀 10 倍，即得标准系列：$10\mu g/ml$，$3\mu g/ml$，$1\mu g/ml$，$0.3\mu g/ml$，$0.1\mu g/ml$，$0.03\mu g/ml$（Mn、Cu 低一级，即为：$3\mu g/ml$，$1\mu g/ml$，$0.3\mu g/ml$，$0.1\mu g/ml$，$0.03\mu g/ml$，$0.01\mu g/ml$）。保存在聚乙烯瓶中，取少量置于 30ml 小塑料瓶中使用。

(5) 封闭剂　1%聚苯乙烯乙酸乙酯溶液。

(6) 纯水　将二次离子交换纯水再用石英亚沸蒸馏器提纯一次。

(7) 有机玻璃蒸发器（自制）。

(8) 铂金坩埚　50ml若干个。

(9) 石英取样瓶（自制）。

(10) 有机玻璃手套箱。

(11) 涂有30%聚四氟乙烯浓缩液的石墨熏蒸器（自制）。

(12) 石墨电炉、调压器等。

(13) 石墨电极　光谱纯 6×30mm。

(14) 摄谱仪　PGS-2平面光栅光谱仪。

(15) 光源　UBI-1交流电弧加火花，32/64。

(16) 测微光度计。

三、分析步骤

在洗净并烘干的铂金坩埚中加3~5滴纯水，用塑料量筒取30ml $SiHCl_3$ 倒入铂金坩埚中，放入有机玻璃蒸发器，以很小的高纯氮气流驱赶基体约10~12h（过夜）。当 $SiHCl_3$ 挥发尽时，取出铂金坩埚，置于石墨熏蒸器中，同时放一个盛有约30ml氢氟酸的铂金皿，盖严熏蒸器的口，用低温电炉加热（调压器控制在130V）约2h，待 SiO_2 溶解完毕，取出坩埚，加2滴1:1的盐酸，溶解残渣，再加几滴水，用少量水洗涤坩埚底部，洗液也滴在电极头上，在红外灯下烘干、摄谱，进行光谱测定。上述试样平行操作3份，同时带空白3份。

四、电极处理及标准系列的配制

在手套箱里将石墨电极排好，加一滴1%聚苯乙烯乙酸乙酯封闭剂。干后，开起红外灯，在每根电极头上，用经过严格校正过的塑料小滴管加浓度为0.67mg/ml的KCl及0.1μg/ml的铍内标混合溶液0.15ml，烤干后，用同样方法将标准系列由低到高滴加在电极头上（0.1ml）。每对电极头上绝对量为 $0.003\mu g$，$0.01\mu g$，$0.03\mu g$，$0.1\mu g$，$0.3\mu g$，$1\mu g$。每个标准点平行两对电极。以下操作与试样相同，并摄在同一感光板上。

五、光谱测定条件

摄谱仪　PGS-2平面光栅光谱仪，三透镜照明，遮光板5mm，狭缝20μm。

光源　UBI-1，电压310V，电流4~6A。

电极　上下电极均为 $\phi 6\times 30mm$ 光谱纯平头石墨电极，分析间隙2mm。

曝光时间　60s。

闪耀波长　300nm。

感光板　天津Ⅱ型紫外板。

暗室处理　显影液A+B（1:1），显影温度20~25℃，显影时间4~6min，快速定影，流水冲洗后晾干。

六、工作曲线的绘制及计算

将分析线的黑度值减去内标线的黑度值，绘制工作曲线。在工作曲线上分别查出空白值与杂质的含量（μg）按下式计算各元素的含量。

$$C_i\% = \frac{(M_i - M_0) \times 10^{-6}}{G} \times 10^2$$

式中 M_i——杂质元素测得值，μg；

M_0——空白测得值，μg；

G——取样量，g。

注：本方法也适用于四氯化硅样品的分析。

七、检测结果的要求（见表 1.1）

表 1.1 检测结果要求

杂质名称	痕量杂质含量/(μg/kg)										
	P	Fe	B	Al	Cu	Cr	Ni	Co	Ca	Mg	Zn	Mn
含量	≤10	≤100	≤600	≤30	≤20	≤20	≤10	≤10	≤20	≤20	≤10	≤20

任务二 三氯氢硅（四氯化硅）中硼的分析检测

【任务目标】

1. 掌握自然挥发法的基本原理。
2. 掌握光谱测试分析步骤。
3. 能对检测的结果做出判断。

【任务描述】

本任务主要检测三氯氢硅中硼杂质含量，硼在多晶硅中易形成受主掺杂，会改变晶体硅的电阻率，根据改良西门子法工艺生产实践，只有在三氯氢硅的精馏提纯中，合理控制各塔的排高排低才能除去硼杂质；本任务通过自然挥发法制备硼标准液，然后进行化学光谱检测及分析。

【任务实施】

一、方法原理

三氯氢硅中的硼的分析采用自然挥发法，是根据三氯氢硅部分水解物能吸附杂质的实践，使三氯氢硅中杂质硼被部分水解物吸附，而让基体三氯氢硅自然挥发，用氢氟酸除去二氧化硅。残渣进行光谱测定。

二、试剂及设备

（1）纯水 10MΩ 以上的离子交换水。

（2）氢氟酸 优级纯氢氟酸，再用自制的聚乙烯蒸馏器蒸馏一次，经分析合格后备用（分析方法：取 10ml 蒸馏过的氢氟酸加 3 滴甘露醇溶液，在水浴上蒸干，测定其硼含量，如在 0.003μg 以下方为合格，否则不能使用）。

（3）1% 甘露醇溶液，存入聚乙烯瓶中。

（4）B 标准液 硼酸水溶液，浓度分别为 0.01μg/ml、0.03μg/ml、0.1μg/ml、0.3μg/ml、1μg/ml、3μg/ml、10μg/ml，存入聚乙烯瓶中。

（5）Be 标准液 2.5μgBe/ml。

(6) 封闭剂　1%的聚苯乙烯乙酸乙酯溶液。

(7) 直径 6mm 的光谱纯（无 B）石墨电极。

三、分析步骤

在洗净的外壁、干燥、带盖子的铂金坩埚中，加入数滴纯水（0.3ml 左右）和 3 滴 1%甘露醇溶液（空白、试料各 3 份），用干燥的聚乙烯管取试料（粗馏产品取 1~2ml，氯化合成液取 0.3~0.5ml）迅速滴入坩埚内，盖上盖子。轻轻摇动片刻，静置 5min 左右，打开盖子让试料自然挥发。挥发毕，加几滴纯水洗坩埚内壁水解物（先洗涤坩埚盖内壁水解物，洗液流入坩埚内），然后沿坩埚内壁滴加 1ml 氢氟酸，完毕，盖好盖子将坩埚移到水浴上（水浴中加有少量甘露醇固体），加热数分钟后，打开盖子用少量纯水吹洗盖子及坩埚内壁。继续加热蒸发至干后，沿壁吹纯水，再蒸干。再吹洗一次待蒸干后，取下坩埚滴加 3~4 滴纯水，用聚乙烯小滴管（每个坩埚一个滴管）充分洗涤坩埚底部，洗液依次转移到一对预先处理好的平头石墨电极头上，再用 3~4 滴纯水洗坩埚一次，移入同一对电极头上，在红外灯下烤干，待摄谱。

四、石墨电极的处理

① 石墨电极的处理，在手套箱中进行，在预先车好的平头石墨电极上，加一滴封闭剂，然后再滴 0.1ml 的 KCl 溶液作载体，0.1ml Be（内标），烤干后备用。

② 在一部分已处理好的石墨电极上，依次滴加上硼标准液（其中含有适量甘露醇）$0.001\mu g$，$0.003\mu g$，$0.01\mu g$，$0.03\mu g$，$0.1\mu g$，$0.3\mu g$，$1.0\mu g$。在红外灯下烤干，与试样摄于同一感光板上。

五、光谱条件

摄谱仪　GE-340 大型平面光栅光谱仪。

光源　国产 WPF-2 交流电弧发生器。

测微光度计　MD-100。

狭缝　15~20μm。

中心波长　2500Å。

曝光时间　40s。

极距　2mm。

感光板　天津紫外Ⅱ型。

显影液　A+B，显影时间 5~6min，显影温度 20~25℃。

定影　快速定影，流水冲洗，晾干。

六、计算

计算公式：

$$B\% = \frac{(W-W_0)\times 10^{-6}}{Vd}\times 10^2$$

式中　d——三氯氢硅的密度，为 1.34g/ml；

W_0——空白值，μg；

V——取样毫升数；

W——硼值，μg。

七、检测结果的要求

检测的结果要求见表 1-1。

任务三 三氯氢硅（四氯化硅）中痕量磷的气相色谱检测

【任务目标】

1. 掌握气相色谱法检测的基本原理。
2. 掌握光谱测试分析步骤。
3. 能对检测的结果做出判断。

【任务描述】

本任务主要检测三氯氢硅中痕量磷杂质，磷杂质会在多晶硅产品中形成施主掺杂，改变晶体硅的电阻率，根据改良西门子工艺可知，只有对三氯氢硅进行精馏提纯才能除去磷杂质；本任务采用气相色谱法进行检测及分析。

【任务实施】

一、气相色谱法原理

1. 色谱法基本原理

和物理分离技术不同，气相色谱（GC）是基于时间差别的分离技术。将气化的混合物或气体通过含有某种物质的管，基于管中物质对不同化合物的保留性能不同而得到分离。样品经过检测器以后，被记录的就是色谱图（图 1.1），每一个峰代表最初混合样品中不同的组分。峰出现的时间称为保留时间，可以用来对每个组分进行定性，而峰的大小（峰高或峰面积）则是组分含量大小的度量。

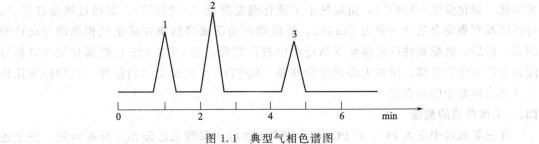

图 1.1 典型气相色谱图

2. 系统

一个气相色谱系统，包括可控而纯净的载气源（它能将样品带入 GC 系统）、进样口（它同时还作为液体样品的气化室）、色谱柱（实现随时间的分离）、检测器（当组分通过时检测器电信号的输出值改变，从而对组分做出响应）、数据处理装置。

3. 三氯氢硅中痕量磷的分析采用气相色谱法测定

在高温富氢条件下，三氯氢硅被氢还原生成硅、氯化氢和各种氯代硅烷；$SiHCl_3$ 中杂质磷在石英砂催化下被还原为磷化氢。

用氢氧化钠溶液分离磷化氢，混合氯代硅烷被水解生成硅酸钠，氯化氢被氢氧化钠中和。反应式如下：

$$SiHCl_3+2NaOH+H_2O =\!=\!= Na_2SiO_3+3HCl+H_2$$

$$2P+3H_2 =\!=\!= 2PH_3$$

当反应达到动态平衡后，磷化氢可定量从氢氧化钠溶液中逸出。经富集及色谱分离后，磷化氢进入双火焰光度检测器（DFPD）进行 HPO 光发射，中心波长为 526nm。根据其光发射强度与磷的浓度成正比的关系计算磷的含量。

二、仪器与试剂

(1) RC-01 型高温氢还原-硫磷气相色谱仪
(2) 氢氧化钠　　　化学纯
(3) 三氯化磷　　　优级纯
(4) 三氯氧磷　　　分析纯
(5) 磷酸三乙酯　　分析纯
(6) 高纯三氯氢硅
(7) 钢瓶装空气　氧气（21%）；氩气（99.99%）；氢气（99.63%）[氢气的净化：钢瓶装氢气经硅胶、5A 分子筛、脱水、脱磷化氢后，再经液氮温度下的 5A 分子筛进一步脱水、脱磷化氢。经测定，净化过的氢气中磷化氢含量小于 0.002ppb（按体积计）]。

三、分析方法

用注射器从进样孔向系统注入已知量的三氯氢硅样品（通常 0.2~0.8ml），在四级逆式配气室中经氢气充分稀释后被载入还原炉管。在 680℃ 下，石英砂的催化作用使样品及其中含磷杂质分别被氢还原为混合氯代硅烷、氯化氢和磷化氢。经氢氧化钠溶液脱除还原产物中的混合氯代硅烷和氯化氢后，尾气中除氢气、磷化氢外还含有一定量的水分。由于磷化氢液化温度为 -88℃，干冰-丙酮冷阱的温度为 -78℃，故用干冰-丙酮冷阱脱除该尾气中的水分。只含有氢气和磷化氢的炉气进入浸在液氮内的捕集柱中。在捕集柱内磷化氢被固化（固化温度 -134℃），而氢气由于液化温度极低（-253℃），则通过捕集柱排空。待还原及富集完全后（一般为 20min），经玻璃六通活塞将捕集柱接至气相色谱分离柱的前方。然后，将捕集柱迅速移至室温冷水中进行解吸。经 GDX-101 柱把磷化氢与其他可能存在的氢化物分离。用双火焰光度检测器（DFPD）检测磷化氢的信号，再用标准比较法计算出样品中的磷含量。

四、工作曲线的测绘

在三氯氢硅中配入 PCl_3 或 $POCl_3$，或在水中配入磷酸三乙酯作为标准溶液，按上述分析步骤操作，算出各浓度对应的峰高（或响应积分值）。以浓度为横坐标（单位 ng），峰高（单位 mm 或脉冲数）为纵坐标绘制工作曲线。

五、气相色谱检测

1. 仪器的操作要点

(1) 色谱柱　带字端为样品入口，另一头接汽化室。
(2) 进样方式　柱头注射进样。
(3) 样品配置标准　不同样品，不同浓度，根据图线进行定性、定量分析；先定性，根据出峰时间确定物质成分，再定量。
(4) TCD 热导检测器　主要检测有机物，准确性低，一般测百分含量。

(5) 先开氢气发生器（压力达到 0.4MPa 后稳定），再开主机电源及电脑；设定检验温度（样品沸点最高值）。

2. 注意事项

(1) 注射样品时，要迅速准确，以免空气进入影响数据的可靠性。
(2) 桥流只是决定检测精度，因此桥流不宜开的太大，调的太大容易损坏仪器。
(3) 用进样器采集样品时，应先清洗进样器 3～5 次，才开始采集样品。
(4) 进样后，切勿改变设定温度值和桥流大小，以免测试结果不准确。
(5) 测试后，应用乙醚清洗进样器，以备下次使用。
(6) 做此实验时，必须打开通风设备和窗户，防止实验室内的氢气浓度过高，造成安全事故。

任务四　工业硅中铁、铝含量的检测

【任务目标】
1. 掌握滴定与返滴定的操作方法。
2. 能准确地进行滴定分析。
3. 能对检测的结果做出判断。

【任务描述】
工业硅中的杂质是影响三氯氢硅纯度的重要因素，从而影响多晶硅产品的纯度。本任务采用化学滴定与返滴定方法进行检测及分析。

【任务实施】

一、原理

试样以氢氟酸、硝酸溶液、冒烟硫酸除氟后，在 pH=1.2 左右，用乙二胺四乙酸二钠标准溶液进行铁的络合滴定。在滴定后的溶液中，以苦杏仁酸掩蔽钛，加过量的乙二胺四乙酸二钠与铝络合完全，用硫酸铜滴定过量的乙二胺四乙酸二钠，然后以氟化钠析出法进行铝的测定。

二、原辅材料

1. 试剂

(1) 氢氟酸　40%。
(2) 硫酸　1∶1 溶液。
(3) 硝酸　1∶1 溶液。
(4) 盐酸　1∶1 溶液。
(5) 磺基水杨酸　10%溶液。
(6) 六次甲基四胺　固体。
(7) 氟化钠　固体。
(8) 氢氧化钠　20%溶液（储于塑料瓶中）。
(9) 苦杏仁酸　10%溶液，用热水溶解，1∶1 氨水调节 pH≈4.5，以精密 pH 试纸试验。

(10) 对硝基粉　饱和溶液。

(11) 醋酸钠　1mol/L 溶液。

(12) 二甲酚橙　0.2%溶液。

(13) 1-(2-吡啶偶氮)-2 萘酚：0.3%的乙醇溶液。

2. 精密 pH 试纸：pH≈1~14。

3. 酸式滴定管：2 支。

三、设备

(1) 分析天平 1 台，精确度为万分之一。

(2) 有一定排风能力的风橱。

四、安全要求

(1) 进工作室必须按规定穿戴好劳保用品。

(2) 工作间要有良好的通风排气设备，以免挥发性气体对人体造成伤害。

(3) 操作时，所用酸碱反应或配用要在通风橱内进行。

(4) 夏天开盐酸、氢氧化氨（氨水）时，应将瓶放置在冷水中，冷却后在瓶口盖上干净抹布，轻轻打开。

(5) 实验室地面不能积水，以免摔伤。

(6) 应注意电气设备的安全，设备的插头、线路要固定好。设备外壳要接上地线。

五、过程控制

(1) 称取乙二胺四乙酸二钠 18.7g，加水约 400ml，以 pH 试纸检验，用 20%氢氧化钾调至 pH＝4.5~5.0，移入 1L 容量瓶中，用水稀释至刻度，摇匀。

(2) 配制锌标准溶液（0.05mol），准确称取新钻的（99.99%）锌屑 3.2685g 于 400ml 锥形烧杯中，加 1∶1 盐酸 50ml，在低温加热溶解后，冷却至室温，倒入 1L 容量瓶中，用水稀释至刻度，摇匀。

(3) 用滴定管准确放取 0.05mol 锌标准溶液 40~45ml，加水 50ml，六次甲基四胺 3g，摇动后滴入 0.2%二甲酚橙 3~4 滴，用乙二胺四乙酸二钠溶液滴定至由红色刚变亮黄色为终点，记下消耗乙二胺四乙酸二钠溶液的毫升数。

按下式计算乙二胺四乙酸二钠标准溶液的浓度：

$$M_1 = \frac{M \times V}{V_1}$$

式中　M_1——乙二胺四乙酸二钠标准溶液的摩尔浓度，mol；

　　　V_1——滴定消耗乙二胺四乙酸二钠标准溶液的体积，ml；

　　　M——锌标准溶液的摩尔浓度，mol；

　　　V——所取锌标准溶液毫升数，ml。

铝的百分含量 x 按下式计算：

$$x = \frac{T_{Al} \times V}{G} \times 100\%$$

式中　T_{Al}——硫酸铜标准溶液对铝的滴定度，g/ml；

　　　V——滴定消耗硫酸铜标准溶液的体积，ml。

　　　G——试样重量，g。

六、检测结果的要求

铁、铝量测定的允许差按表1.2规定。

表 1.2　铁、铝量测量允许范围表

元素	含量/%	允许差/%
铁	<0.70	0.04
	0.70～1.00	0.06
	1.00～1.50	0.08
铝	<0.70	0.04
	0.70～1.00	0.05
	1.00～1.50	0.06

任务五　露点法检测气体中的水分

【任务目标】

1. 掌握露点法检测操作方法；
2. 了解气体的性质及安全防护；
3. 能对检测结果做出判断。

【任务描述】

对气体中的水蒸气含量检测时，根据改良西门子法生产工艺，涉及的气体要求无水分，氢气的纯度不纯会引起爆炸，HCl气体不纯会腐蚀生产设备；本任务采用露点法进行检测与分析。

【任务实施】

一、原理

本方法可用于高纯 Ar、H_2、N_2 等气体中水分的测定。当一定体积的气体在恒定的压力下均匀降温时，气体和气体中水分的分压保持不变，直至气体中的水分达到饱和状态，该状态下的温度就是气体的露点，一定的气体水分含量对应一个露点温度，即测定的"露点温度"是被测气体中水蒸气，随着温度的降低（人工致冷）而凝结为露的温度，"凝结温度"是以水蒸气含量为依据的，所以测定的露点值表示着气体中一定的水分含量。

二、原辅材料

1. −80℃低温温度计；
2. 500ml 烧杯；
3. 50ml 玻璃注射器；
4. 液氮；
5. 手电筒；
6. 无水乙醇：分析纯或优级纯。

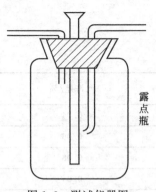

图 1.2 测试仪器图

三、设备和仪器

如图 1.2 所示的露点瓶,容积 1000ml,上部封口,中间插入一封底镀铬铜管,样气由喷口管引入,另一导管为出气口。

环境要求:保持工作环境高纯卫生,温度 4~40℃,相对湿度小于 85%,现场整洁,无腐蚀性气体,不得有电炉和火种。

四、产品形成过程控制

1. 工艺流程图

赶气 → 测量 → 发报告

2. 过程控制

(1) 用金属导管将被测气体导入露点瓶,出口气体经石蜡液封瓶放空(液封高度 2mm)测定前要赶气 1h。

(2) 测定时,在封底铜管内加入制冷剂(干冰或液氮加酒精或液氮加丙酮),用插入的一支 -80℃ 低温温度计小心搅拌,使温度下降,注意观察,当喷口所对的铜管表面出现露斑,即读出温度值,这就是测得的露点温度。

(3) 测定流速控制在 150~200ml/min。

(4) 通常测 -34℃ 以下气体观察到的是"霜点",而同一温度下的霜点具有较低的水蒸气分压。根据实验测得霜点和露点相应温度差约为 4℃,称为 K 值,因此对目前测得的露点温度需要校正,需扣除 K 值,如测定值为 -40℃ 实际露点应为 -36℃(此项在与电量法对照时须考虑)。

五、注意安全事项

(1) 从事气体分析的人员,必须熟悉各类气体的性质,做好防护,并严格遵守实验室安全守则。

(2) 进入实验室,必须按规定穿戴好劳保用品,并开启通风系统。

(3) 对于实验室的气瓶或管道,必须保证不泄漏并经常检查,严防阀门漏气。

(4) 配合分析时所携带的取样球及露点瓶要小心谨慎。

(5) 在分析氢气露点时要注意把氢气引到室外或排风橱内。

(6) 测定露点时,在加入液氮和酒精时要小心,在倒液氮时要注意安全,以免低温冻伤。

(7) 操作过程中所使用的酒精要放在阴凉的地方。

(8) 工作完毕,离开实验室前,需仔细检查门、窗、水、电、气、阀。

六、检测的结果要求

参阅表 1.3。

表 1.3 露点法检测气体中水分测量表

露点/℃	蒸汽压/mmHg[①]	水汽量/(g/m³)	容积含量/(×10⁻⁶)
-110	1.0×10^{-6}	9.85×10^{-7}	1.32×10^{-3}
-108	1.8×10^{-6}	1.77×10^{-6}	2.36×10^{-3}
-106	2.8×10^{-6}	2.75×10^{-6}	3.7×10^{-3}
-104	4.3×10^{-6}	4.23×10^{-6}	5.7×10^{-3}

续表

露点/℃	蒸汽压/mmHg[①]	水汽量/(g/m³)	容积含量/($\times 10^{-6}$)
-102	6.5×10^{-6}	6.4×10^{-6}	8.55×10^{-3}
-100	9.9×10^{-6}	9.75×10^{-6}	1.3×10^{-2}
-98	1.5×10^{-5}	1.48×10^{-5}	1.97×10^{-2}
-96	2.2×10^{-5}	2.16×10^{-5}	2.9×10^{-2}
-94	3.3×10^{-5}	3.25×10^{-5}	4.34×10^{-2}
-92	4.8×10^{-5}	4.73×10^{-5}	6.31×10^{-2}
-90	7.0×10^{-5}	6.89×10^{-5}	9.23×10^{-2}
-88	1.0×10^{-4}	9.85×10^{-5}	1.34×10^{-1}
-86	1.4×10^{-4}	1.38×10^{-4}	1.84×10^{-1}
-84	2.0×10^{-4}	1.97×10^{-4}	2.63×10^{-1}
-82	2.9×10^{-4}	2.86×10^{-4}	3.82×10^{-1}
-80	4.0×10^{-4}	3.94×10^{-4}	5.26×10^{-1}
-78	5.6×10^{-4}	5.52×10^{-4}	7.36×10^{-1}
-76	7.7×10^{-4}	7.58×10^{-4}	1.01
-74	1.05×10^{-3}	1.03×10^{-3}	1.38
-72	1.5×10^{-3}	1.48×10^{-3}	1.8
-70	1.94×10^{-3}	1.91×10^{-3}	2.55
-68	2.6×10^{-3}	2.56×10^{-3}	3.44
-66	3.49×10^{-3}	3.43×10^{-3}	4.60
-64	4.64×10^{-3}	4.57×10^{-3}	6.10
-62	6.14×10^{-3}	6.04×10^{-3}	8.07

① 1mmHg=133.32Pa。

任务六　气相色谱法检测干法 H_2 的组分

【任务目标】

1. 掌握气相色谱法进行检测的基本原理；
2. 能正确地进行气相色谱操作检测；
3. 能对检测结果做出判断。

【任务描述】

本任务检测氢气中的氯化氢气体组分配比分析，根据改良西门子工艺，经过分离精馏提纯后 $SiHCl_3$ 进入化学气相沉积（CVD）还原炉，在高温下被氢气还原，原料氢气组分的配比会影响硅的沉积速度，造成硅棒的畸形生长；本任务采用气相色谱法对 H_2 中 HCl 气体组分配比进行检测与分析。

【任务实施】

一、原理

本方法可用于干法 H_2 中 HCl 组分分析。待测组分在载气推动下经过色谱分离柱，由于不同化合物性质的差异，它们在固定相的分配系数不一样，流出速度有快有慢，因而被测的混合物组分通过色谱分离柱后须分离单一组分，并顺序地被载气送入检定器（TCD）进行检定，由记录仪记录出色谱图，再进行测量计算，达到测定目的。

图1.3所示为气相色谱流程示意图。

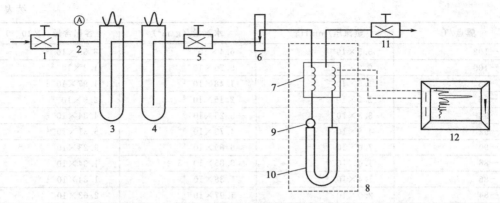

图 1.3　气相色谱流程示意图

1，5—调节阀；2—压力表；3，4—气体净化器（105 钯分子筛，5Å 分子筛）；
6—流量计；7—TCD 检定器；8—柱室；9—进样口汽化器；10—分离柱；11—阀门；12—记录仪

二、原辅材料

(1) 玻璃色谱柱。
(2) 石英安瓿小瓶。
(3) 10ml 注射器和不锈钢注射针头。
(4) 耐高温硅橡胶板。
(5) 氢氟酸。
(6) 重铬酸钾。
(7) 浓硫酸。
(8) 乳胶管。
(9) 取样袋。
(10) 镍铬丝。

三、设备和仪器

(1) SC-3A 型气相色谱仪　一台。

① 主机　主机上有层析室恒温箱、热导检测器、离子室、汽化室、气体进样器和气路控制系统以及温度测量系统，主机左外侧装置有四通气体进样阀。

② WK-01 型温度控制器。

③ WY-01 型供电器。

④ WF-01 型微电流放大器。

⑤ 记录仪表　采用 XWC-100/AB 型。

⑥ 运行基本条件　需 220V 交流稳压电源。

⑦ 维护和保养　设备保持通风干燥，避免与酸、碱接触，无尘。要经常检查气路系统，防止有堵或漏的情况出现，保持气体的流量表和压力表在规定范围。所有电路系统和电器元件还应避免潮湿、沾污。设备保持清洁卫生，仪器使用完毕后先关闭电源，再关气。

(2) WY-2000 型电子交流稳压器　一台。

(3) 电吹风　一台

(4) 通风橱、电机、灭火器、消防栓。

(5) 环境要求　保持工作环境高纯卫生，温度（23±2）℃，相对湿度小于65%，现场整洁，无腐蚀性气体，不得有电炉和火种。

四、产品形成过程控制

工艺流程图为：

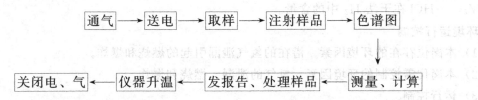

(1) 担体的涂敷　将固定液用适量（约100ml）乙醚加入计算量的6201担体，在红外灯下边加热边搅拌，使乙醚气体挥发后，再放入110℃烘箱中烘3h，取出在干燥器内冷却，装瓶备用。

色谱柱管的清洗和填装：柱子先用清洗液（洗液配方：浓H_2SO_4 90%，$K_2Cr_2O_7$ 10%）浸泡24h，取出后用蒸馏水冲洗干净，置于烘箱内烘干，装入准备好的担体，柱管口应填装少量的玻璃棉，把色谱柱装入层析室恒温箱内，通H_2检漏。

(2) 样品测试

① 打开氢气阀门，将载气流量调到50ml/min。

② 5min后按下电子交流稳压器电源，使电源电压稳定在220V。

③ 按下主机"启动"开关和"鼓风"开关。

④ 打开恒温控制器电源开关，对各恒温系统加热进行控制，使得"层析室"、"检测器"、"汽化室"温度分别达到（70±5）℃、（80±5）℃、（100±5）℃，将温度调节旋钮调至"加热指示灯"微红，然后按下主机面板右方的"检测器选择"，按键开关的"热导"按键。

⑤ 按下供电器的电源开关，电流值调到100mA。

⑥ 在恒温控制0.5~1h之后，打开和接通记录仪表，待基线稳定。

⑦ 用10ml注射器抽取10ml H_2气体样品，迅速注入进样口，样品在载气推动下送入色谱柱进行分离，通过鉴定器检定，在记录仪上获得HCl组分色谱图测量其峰面积，采用归一化法进行定量。

⑧ 每个样品至少测3次，以保证测试的准确性。

⑨ 测试完毕后，升高"层析室"、"检测器"温度分别至（110±5）℃、（120±5）℃，恒温1h。

⑩ 按下列顺序关机

关记录仪→关供电器→关温度控制器→关主机→关稳压电源→热导检测器冷至70~80℃时，关气。

(3) 仪器应定期检查，并做好原始记录。

(4) 计算后发报告。

计算公式：

$$W_i(\%) = \frac{h \times (0.5r)}{n} \times 100\%$$

式中 h——HCl 组分峰高；

r——HCl 组分峰宽；

n——常数。由 HCl 标准计算所得；

W_i——HCl 在干法 H_2 中的含量。

五、环境运行控制

（1）本岗位存在的环境因素 潜在的氢气泄漏引起的燃烧和爆炸。

（2）本岗位需控制的环境因素 氢气的泄漏、燃烧和爆炸。

（3）运行控制

① 在进入有 H_2 的实验室时，应先通风。

② 对于实验室的气瓶或管道，必须保证不泄漏并经常检查。

③ 高压气瓶（H_2，O_2）必须隔开放置，严防阀门漏气。

④ 工作完毕必须关闭气瓶阀。

⑤ 下班时室内要保持一个气窗，以防止 H_2 在室内的积累。

⑥ 配置灭火器、消防栓等应急设施。

六、职业健康安全运行控制

（1）本岗位存在的危险源 潜在的氢气泄漏所引起的燃烧和爆炸。

（2）本岗位需控制的危险源 氢气的泄漏、燃烧和爆炸。

（3）运行控制

① 从事气体分析的人员，必须熟悉各类气体的性质，做好防护，并严格遵守实验室安全守则。

② 进入实验室，必须按规定穿戴好劳保用品，并开启通风系统。

③ 对于实验室的气瓶或管道，必须保证不泄漏并经常检查。高压气瓶（H_2，O_2）必须隔开放置，严防阀门漏气。

④ 注意高压阀门的安全使用（不使用不合格钢瓶，连接表阀时，先打开气瓶阀，再打开表阀，并站在侧面操作，保证不漏气。严防 H_2、O_2 表混用或油脂污染）。工作完毕必须关闭气瓶阀。

⑤ H_2 气瓶必须保持 0.2MPa 余压。高压钢瓶必须有防震圈，使用时要固定好。

⑥ 必须使用明火时，应在通风橱内进行。

⑦ 工作中的有害气体应排到室外，或排入通风橱内。

⑧ 有 H_2 的实验室，进入实验室前，应先打开通风，下班时室内要保持一个气窗，以防止 H_2 在室内的积累。

⑨ 工作完毕，离开实验室前，需仔细检查门、窗、水、电、气、阀。

⑩ 配置灭火器、消防栓等应急设施。

七、检测结果的要求

见表 1.1。液氯：氯气含量大于 99.9%，水含量低于 0.02%。氯化氢：露点小于 −45℃，氧气体积含量小于 2×10^{-6}，氢气体积含量大于 99.9%。

任务七 氯化氢中水分的检测

【任务目标】
1. 掌握化学方法检测的基本原理;
2. 能正确地进行化学检测操作;
3. 能对检测的结果做出判断。

【任务描述】
本任务检测氯化氢中水分含量,在改良西门法工艺生产中,利用氯气和氢气合成 HCl 气体,HCl 气体和冶金硅粉在一定温度下合成 $SiHCl_3$,其中无水氯化氢无腐蚀性,但遇水时有强腐蚀性,会直接腐蚀生产设备,还会与一些活性金属粉末发生反应,放出氢气;本任务主要采用化学检测物质含量的方法进行分析。

【任务实施】

一、原理
HCl 样气经装有 $CaCl_2$ 的 U 形管,其中水分被吸收下来,而氯化氢通往专用螺旋吸收瓶,全部溶入纯水中,将 U 型管准确称重,同时滴定吸收瓶,求得氯化氢重量,即可算出氯化氢中含水的百分含量。

二、试剂
1% NaOH;
$0.1mol \cdot L^{-1}$ NaOH;
$0.1mol \cdot L^{-1}$ HCl;
$0.1mol \cdot L^{-1}$ AgNO_3$;
无水氯化钙($CaCl_2$);
沉降剂($CaCO_3$);
NR-BTB(中性红——溴百里酚蓝)指示剂。

三、器皿
容量瓶　250ml　2 个;
移液管　25ml　1 支;
移液管　10ml　1 支;
锥形瓶　250ml　3 支;
滴定管　5ml　2 支;
滴定管　2ml　1 支。

四、装置
设备装置如图 1.4 所示。

五、分析步骤
(1) A 管预先干燥,称其重量 W_1。
(2) 装入约 10g $CaCl_2$ 精确称其重 W_2。
(3) 两端塞上脱脂棉后称重 W_3。

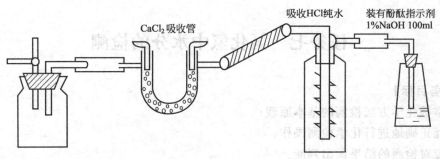

图 1.4　设备装置图

（4）对现场取样，照图接好。

（5）通气、排气、控制流速（使螺旋吸收并气泡上升均匀），取样约1h，要求C液保持碱性。

（6）精密称A管，重量为W_4（取样后）。

（7）把B液完全装入500ml容量瓶，稀释到刻度，取20ml到另一250ml容量瓶中，稀释至刻度，再取10ml到250ml锥形瓶中。

（8）加沉降剂$CaCO_3$ 2g，加K_2CrO_4指示剂。

（9）用0.1mol/L $AgNO_3$滴定。

（10）把$CaCl_2$总量移到锥形瓶中，用0.1mol/L NaOH滴定，用NR-BTB混合指示剂（求出吸附HCl量）。

（11）精密称量未使用$CaCl_2$约10g。

六、检测结果的要求

液氯：氯气含量大于99.9％，水含量低于0.02％。氯化氢：露点小于－45℃，氧气体积含量小于$2×10^{-6}$，氢气体积含量大于99.9％。

任务八　液氯中水分的检测

【任务目标】

1. 掌握化学检测液氯中水分的基本原理；
2. 能正确地操作化学检测；
3. 能对检测结果做出判断。

【任务描述】

本任务检测液氯中的水分，在改良西门子法工艺生产中，利用氯气和氢气合成氯化氢气体，如果氯气中有水分，生成的HCl气体必然溶于水蒸气中，将直接腐蚀生产设备；本任务采用化学检测方法进行分析。

【任务实施】

一、方法原理

氯气经装有浓硫酸的钾球，其中水分被吸收下来，而氯气通入氢氧化钠吸收瓶被完全吸收；分别准确称出钾球增重与吸收瓶增重。即可计算出液氯中水分的百分含量。

二、试剂及仪器

硫酸：相对密度 1.84，将 100～150ml 硫酸装入 250ml 三角瓶中，以每秒 3～4 个气泡的速度，将氯气经过硫酸通入瓶中，通氯时间为 15min，然后再通入经硫酸干燥过的空气吹去硫酸中多余的氯气。

吸收液 1L 溶液中含 300g 氢氧化钠。仪器如图 1.5，由下列部件组成：钾球吸收器 2 个，带双管的 500ml 吸收瓶 2 个，1000ml 细口瓶（即缓冲器）1 个，500ml 气体洗涤瓶 3 个、三通、活塞等。按图 1.5 连接装置。

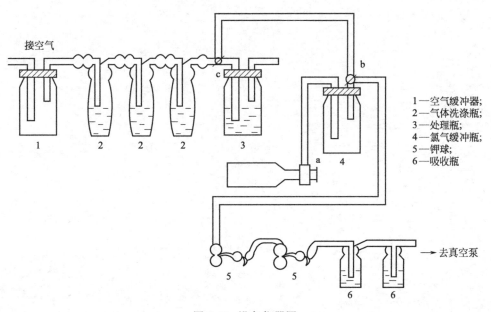

图 1.5 设备仪器图

三、分析步骤

按先后次序打开钢瓶阀 a、活塞 b、c，使氯气经过缓冲器至处理瓶（3），将缓冲器及管内空气排空，然后旋转活塞 b，以每秒 5～6 个气泡的速度使氯气通过已知重量的钾球（5，球内已装经氯处理过的硫酸 5～6ml，称重准确至 0.002g）和氯气吸收瓶（6，内装 300ml 吸收液，并称重准确至 0.5g）。通氯时间为 1.5～2h，吸收瓶增加重量 40～60g。

通氯结束后，关闭钢瓶阀 a，旋转活塞 b、c，开动真空泵使空气经过 3 个各装 400ml 浓硫酸气体洗涤瓶（2）通入钾球，以排除钾球及吸收瓶内之多余氯气。然后用玻璃棒将钾球及吸收瓶两端进气管（借胶管之助）加以密封，以免由空气中吸收水分，然后将钾球置于干燥器中，干燥 30min 再称其重量（准确到 0.002g），并称吸收瓶重量（准确到 0.5g），钾球内的硫酸最好用 2～3 次便更换。

水含量%（X_2）按下式计算：

$$X_2 = \frac{G_1}{G_2} \times 100$$

式中 G_1——钾球吸收器增加之重量，g；

G_2——带双管吸收瓶增加之重量，g。

四、检测结果的要求

液氯：氯气含量大于99.9%水含量低于0.02%，氯化氢：露点小于-45℃，氧气体积含量小于2×10^{-6}，氢气体积含量大于99.9%。

习　题

1. 气相色谱法原理是什么？
2. 露点法测量时应注意哪些问题？

项目二　硅锭（棒）的检测

【项目描述】

硅锭（棒）质量的好坏，直接决定后续工序中太阳能电池转换效率的高低，需要对整个生产过程各环节进行把关，对硅锭（棒）的各项技术参数进行及时的检测，确保在生产质量标准要求范围内。检测包括电学性能、杂质含量、单晶体定向、单晶体缺陷等方面，本项目主要针对硅锭（棒）的检测原理、操作指导、环境及影响因素进行分析。

任务一　多晶硅中基硼、基磷含量的检测

【任务目标】

1. 掌握分凝效应和蒸发效应的基本原理；
2. 能正确地进行电阻率的检测；
3. 能根据检测结果查出杂质含量的浓度。

【任务描述】

多晶硅半导体被掺入杂质时，半导体变成非本征的，而且引起导电型号的改变，施主杂质的典型代表是磷，受主的典型代表是硼。本任务采用四探针法检测电阻率。

【任务实施】

一、悬浮区熔法检验硅多晶中硼、磷含量的原理

利用硅熔体中杂质的分凝效应（当固液或固气两相平衡共存时，两相的组成不同。这种现象称为分凝）和蒸发效应，在真空条件下，在硅棒上建立一个熔区，熔区温度1410℃，并使之从一端移至另一端，以达到提纯和控制杂质的目的。

硅中硼的分凝系数 $k_B=0.9$，即平衡情况下硼在结晶的硅中和熔融的硅中的含量之比为0.9。经过多次区熔后，硅中的磷充分蒸发掉，但硼含量沿晶体长度分布影响不大，只在晶体长度的两端，硼含量受到区熔提纯的影响。

根据所测电阻率值，就可以按下式求出基硼含量：

$$N_A = \frac{1}{\rho_B e \mu_p}$$

式中　N_A——消除磷补偿后的硼原子含量，个/cm³；

ρ_B——P型硅电阻率，$\Omega \cdot cm$；

e——电子电荷（1.6×10^{-19}C）；

μ_p——空穴迁移率（$500 cm^2/s \cdot V$）；

基磷的检验只需在氩气氛下，对硅棒进行一到二次区熔，然后测量其电阻率 ρ_P，再按下式计算出基磷含量：

$$N_D - N_A = \frac{1}{\rho_P e \mu_n}$$

式中　N_D——未消除硼补偿的磷原子含量，个/cm^3；
　　　N_A——消除了磷补偿的硼原子含量，个/cm^3；
　　　ρ_P——N型硅电阻率，$\Omega \cdot cm$；
　　　e——电子电荷（1.6×10^{-19}C）；
　　　μ_n——电子迁移率（$1500 cm^2/s \cdot V$）；

以上硼、磷杂质含量也可根据测得的电阻率，对照图2.1硅中杂质浓度和电阻率关系曲线求得。

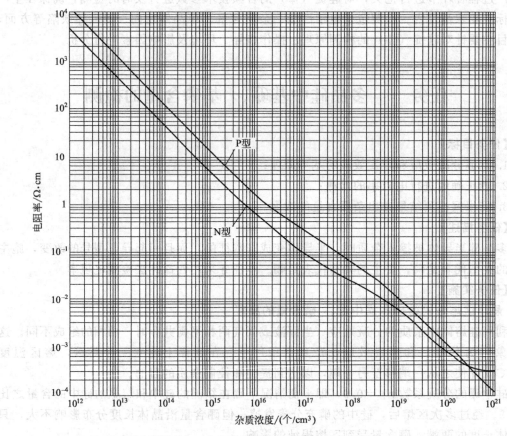

图2.1　硅中杂质浓度和电阻率的关系图

二、区熔提纯和测试的具体要求

细棒区熔可用小型区熔炉，感应加热线圈内径ϕ25mm左右，太小会影响提纯效果。

从还原法生产的多晶上切取ϕ6×300mm多晶棒，经过去油和酸洗后，用大于10M$\Omega \cdot$cm超纯水冲洗、烘干备用。

硼检籽晶应从高纯P型单晶中切取，经酸腐蚀清洗后备用（不要与P型高阻单晶相混，高阻不一定高纯，高纯必定高阻）。磷检籽晶应从高纯N型单晶中切取，酸腐蚀清洗后备用。

硼检采用快速区熔法的工艺。第一次区熔时，第一熔区停留挥发10min左右；第二次区熔时，从第一熔区位置上移2~3mm，并停留挥发5min左右；第三次区熔时，从第二熔区位置上移2~3mm，并停留5min左右；……至末熔区，每次都停留5min左右。熔区宽度以棒的直径为参考，或宽度约大于直径。熔区行程以10倍熔区为宜。提纯速度约 0.5mm/min。

单晶表面应用喷砂法喷出一条测量道,清洗后用冷热探笔法测出导电类型。基硼、基磷电阻率用二探针法或四探针法,在喷好的测量道上每隔 5mm 测一点。

习　题

1. 简述悬浮区熔法检测硅多晶中硼、磷含量的原理。
2. 多晶硅经过提纯到本底为 P 型 2000Ω·cm,其基硼的含量是多少?

任务二　导电型号的检测

【任务目标】
1. 掌握冷热探笔法检测的基本原理及工艺操作流程;
2. 熟悉三探针法检测的基本原理及工艺操作流程;
3. 能正确地进行导电型号的检测。

【任务描述】
在单晶生长和铸锭多晶生长工艺中,掺入带硼或磷的母合金,晶体中会产生电子或空穴,使导电性能大大提高。本任务主要采用冷热探笔法进行型号的检测与分析。

【任务实施】
一、检测方法及其基本原理
1. 冷热探笔法

如图 2.2 所示,在一块单晶样品上压上两根金属探笔,一根是冷探笔,另一根是热探笔,用电阻丝加热。热探笔的温度保持在 40～60℃。当两根探笔与半导体材料相接触后,半导体的两个接触点之间产生温度差。如果两根探笔之间接上检流计构成闭合回路,就会发现检流计的指示光点会朝某一个方向偏转,表示回路中出现一定方向的电流,这一电流就是温差电流。

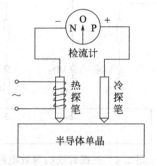

图 2.2　冷热探笔法测导电类型

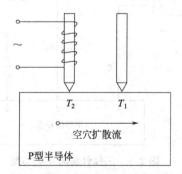

图 2.3　P 型半导体空穴扩散流

如图 2.3 所示,冷探笔和热探笔之间接上一个检流计,就成了图 2.4 的情况。由于温差电动势的存在,检流计的指示就会向某个方向偏转。P 型半导体和 N 型半导体中产生的温差电动势的方向是相反的,对于 P 型半导体,从上面的讨论可以知道,空穴扩散流的方向是从热端到冷端,电场的方向是从冷端指向热端,冷端带正电,热端带负电。检流计中电流的方向是从冷端流向热端的。而对于 N 型半导体，电子是多数载流子。用同样的分析可以得知，电子热运动扩散流的方向是从热端到冷端，但由于电子带负电，电荷积累的结果是热端带正电，冷端带负电，电场的方向从热端指向冷端，检流计中电流的方向是从热端流向冷端的，与 P 型半导体的情况相反。可见，使用冷热探笔法，根据温差电动势和温差电流在两种不同导电类型的半导体材料中不同的方向，可以判断出它的导电类型。

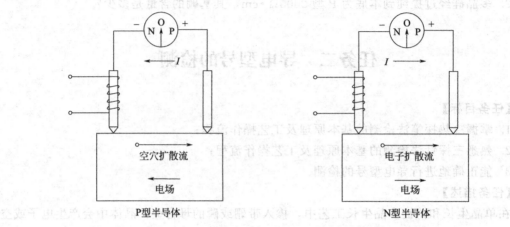

图 2.4　P 型和 N 型材料产生不同的温差电流

2. 三探针法

三探针法测半导体导电类型的方法原理图见图 2.5，在样品上压上 3 个探针，针距在 0.15~1.5mm 的范围内。在探针 2 和探针 3 之间接检流计，根据检流计指示偏转的方向就可以判断半导体样品是 P 型还是 N 型。

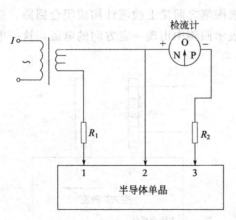

图 2.5　三探针法测导电类型

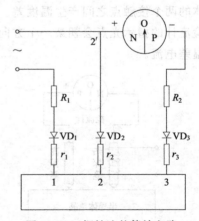

图 2.6　三探针法的等效电路

假定样品为 N 型半导体。探针与半导体构成整流接触，可用图 2.6 来等效，其中每一个整流接触都用一个二极管和一个接触电阻（扩展电阻）的串联电路来等效；VD_1、VD_2 和 VD_3 分别是探针 1、探针 2 和探针 3 与 N 型半导体接触时的等效二极管，r_1、r_2 和 r_3 分别是探针 1、探针 2 和探针 3 与半导体的接触电阻。

首先分析探针 1 和探针 2 回路的电流、电压波形。把探针 1 和探针 2 部分单独拿出来，如图 2.7（a）所示。

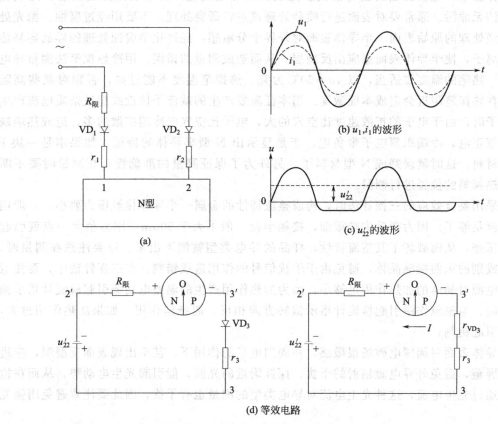

图 2.7　三探针等效电路分析

假设外加电压 u_1 的波形如图 2.7（b）所示，因为电路是纯电阻电路，所以电流 i_1 的波形与电压 u_1 的波形同相。当 u_1 为正半周时，VD_2 中的电流方向为 $2 \to 2'$；当 u_1 为负半周时，VD_2 中的电流方向为 $2' \to 2$，如图 2.7（d）所示。

二、两种方法的比较及其适用场合

冷热探笔法是目前国内最常用的判断半导体导电类型的方法。理论计算表明，温差电动势的大小随着掺杂浓度的减小而增大，即样品的电阻率越高，温差电动势越大。但另一方面，高阻样品的电阻很大，尽管电动势大了，温差电流却随着电阻率的增高而减小。所以，冷热探笔法主要适用电阻率不太高的样品，对低阻样品很灵敏，一般认为适用于室温电阻率在 $1000\Omega \cdot cm$ 以下的单晶。

利用金属与半导体的点接触整流原理来测量导电类型的方法对于低阻单晶往往是不适合的，这是因为金属与低阻单晶常常构成欧姆接触。一般认为这种方法适用于室温电阻率在 $1 \sim 1000\Omega \cdot cm$ 之间的硅单晶。

三、测准条件的分析

测准硅单晶的型号是制作半导体器件的原始依据。每一种测量导电类型的方法都有自己一定的适用范围，离开这些范围测量型号就有可能发生差错。因此首先应注意单晶电阻率的大致范围，然后再选定一种测量型号的方法。

无论用哪种方法，都要注意单晶样品的表面效应，特别是利用整流效应的方法，因为在这种方法中，主要测出的就是点接触处表面的导电类型。要求表面无反型层、无氧化层、清洁无油污。通常要对表面进行喷砂处理或进行研磨处理，不要用经过腐蚀、抛光处理或未经处理的原始表面。半导体表面对外界十分敏感，经过化学腐蚀处理的样品容易沾上正负离子，使半导体表面感应出反型层，从而造成测量的错误。用冷热探笔法测量导电类型时，热笔的温度要适当，以 40~60℃ 为宜。热探笔温度不能过高，否则对某些高阻硅材料在热探笔附近会造成本征激发。当本征激发产生的载流子接近或超过杂质电离产生的载流子时，由于电子的扩散速度比空穴的大，电子比空穴向冷端扩散的多，造成热端缺乏电子带正电，冷端积累电子带负电，于是显示出 N 型半导体的特征。如果本是一块 P 型高阻材料，这时就误判成 N 型材料了。另外为了保证测量的准确性，在测量时要不断交换冷热探笔的位置进行测量。

在采用整流效应的三探针法时，构成整流特性的金属—半导体接触压力要小，一般用几克力就足够了。因为探针尖端很细，接触半径一般不大于 50μm，用力稍大一点就引起很大的压强，从而破坏了其整流特性，样品的导电类型就测不出来。还要注意在测量时，不用手或别的东西接触晶体，避免由于干扰信号的作用造成错判。在三探针法中，要注意使交流电源对晶体的加热作用足够小，因为加热作用产生的温差电动势引起检流计指示偏转的方向，与整流作用引起检流计指示偏转方向相反，起抵消作用。如果加热作用过大，可能会引起错判。

半导体表面对周围电磁场很敏感，在周围电场的作用下，甚至出现表面反型层，应进行电磁屏蔽，避免外界电磁辐射的干扰。探针附近的光照，能引起光生电动势，从而在检流计中通过光生电流，这种光生电流对导电类型的测量也有干扰，因此要注意避免用强光照射。

四、硅单晶导电类型作业指导

（一）冷热探笔法

1. 方法原理

温差电动势、温差电流法。

2. 仪器设备

GXS 单晶型号测试仪、冷热探笔、P 型单晶样品、N 型单晶样品。

3. 操作步骤

① 接线　接好电源线，将热笔电缆插入 4 芯插座，冷笔插头插入 3 芯插座。

② 打开电源开关，此时电源指示灯及加热指示灯同时亮起，10min 以内保温（绿）灯亮，即热笔已达到规定的温度，可以开始测量。随后，加热-保温灯会自动轮换点亮，此时，热笔温度保持在 40~60℃，此时无论哪个灯亮均可照常工作。

③ 调节 N 型及 P 型调零电位器，顺时针方向旋转，仪器灵敏度提高，当旋转到 N 或 P 字显亮时，应（逆时针）反向旋转，反向旋转的幅度，以 N 字或 P 字显示迅速，稳定为宜（一般半圈即可）。

④ 测试时，将热笔、冷笔同时垂直放在硅单晶样品上，所测型号是热探针接触区域的材料型号，一般以较大压力时的测量结果为准（以不压坏晶体为前提）。

⑤ 操作完毕，应立即关闭热笔加热器电源和型号测试仪器电源。

（二）三探针法

1. 方法原理

整流效应原理。

2. 仪器设备

GXS 单晶型号测试仪、探针、P 型单晶样品、N 型单晶样品。

3. 操作步骤

① 接通 GXS 单晶型号鉴别仪电源，指示灯亮。

② 将"0"检查按钮按下，并转动"调零旋钮"，使电表指示在中间零的位置。

③ 将"零检查"按钮释放，处于测量位置。

④ 根据被测材料电阻率范围选择测量方法：

电阻率在 1000Ω·cm 以下时，选用冷热探笔法；

电阻率在 1～1000Ω·cm 时，用整流法（也可用冷热探笔法）。

⑤ 检查被测表面是否符合干燥、无油污、无砂粒、喷砂均匀等要求，若不符合要求，表面应重新处理。

⑥ 将测量位置选择置于"整流法"挡，将三探针轻压在已喷砂的被测面上，观察 P、N 型号指示灯，即可确定材料的导电型号。三探针应同时接触材料，压力不可过大。

⑦ 将测量结果清晰、准确地标注在被测晶体上。

⑧ 在报告单上正确填写导电型号、测量方法和测量者，并画上晶体图形，当晶体长度超过报告单尺寸时，应画示意图表示。

⑨ 操作完毕，应立即关闭型号测试仪器电源。

（三）操作注意事项

1. 一些高电阻率的硅和锗试样，由于其电子迁移率高于空穴迁移率，在热探针的温度下大多呈现为本征半导体材料。

2. 热探针上覆盖有氧化层，会造成不可靠的测试结果。

3. 探针压力不足，室温电阻率高于 40Ω·cm 的 N 型锗材料，会呈现 P 型测试结果。

4. 热笔内装有 PTC 陶瓷加热器，切勿摔坏。

5. 红绿灯切换瞬间，液晶显示器会短时间显示 N 或 P，这是切换干扰引起的，并非正常地测量信号，可不予理会。

6. 请勿用手直接接触硅片，需戴手套。

任务三　电阻率的检测

【任务目标】

1. 熟悉电阻率的各种检测方法；
2. 掌握四探针仪检测方法及操作工艺流程；
3. 能正确地进行电阻率的检测及分析。

【任务描述】

单晶和铸锭多晶生长工艺中,由于存在蒸发效应和分凝效应,晶体的头部和尾部掺杂量有明显区别,直接影响电阻率的大小,电阻率均匀度对半导体器件的稳定性、重复性有明显的影响。本任务介绍电阻率的多种检测方法。

【任务实施】

一、电阻率测量的基本方法

电阻率是半导体单晶重要电学参数之一,它反映了补偿后的杂质浓度,与半导体中的载流子浓度有直接关系。例如,N型材料的室温电阻率可以表示如下:

$$\rho = \frac{1}{(N_D - N_A)\mu_n q} \tag{2.1}$$

式中,N_D是施主杂质浓度;N_A是受主杂质浓度;μ_n是电子迁移率;q是电子电荷量。

半导体单晶电阻率的测量,按照测量仪器的测试探头与被测半导体单晶接触性质来分,可以分为接触法和无接触法两大类。对于半导体单晶电阻率的测量,主要用接触法。用接触法测量电阻率的方法主要有如表2.1所列几种。

表 2.1 接触法测量电阻率的方法

测量方法	范围	特点	局限性和困难
两探针法	$10^{-3} \sim 10^3 \Omega \cdot cm$	有计算公式	样品呈长条形,横截面上电阻率均匀,在样品两端面上制备欧姆电极
四探针法	$10^{-3} \sim 10^3 \Omega \cdot cm$	有计算公式	测得值是1cm左右线度对各样品形状有范围内的平均值修正数据表
扩展电阻法	$10^{-3} \sim 10^2 \Omega \cdot cm$	可测定导电类型和电阻率不同的多层结构	测得值和样品实际电阻率的关系需用已知电阻率的标准样块实测标定
范德堡法	$10^{-3} \sim 10^3 \Omega \cdot cm$	有计算公式和修正因子图表,可测厚度均匀形状任意的薄片	薄片平均电阻率,边缘制备欧姆电极
涡流法	$10^{-3} \sim 10^3 \Omega \cdot cm$	无接触测量,可直接测量厚度为0.1~0.75mm的薄片	无计算公式,需标样标定
光电压法	$10 \sim 10^2 \Omega \cdot cm$	对薄片微区电阻率变化进行无接触测量,有计算公式	电阻率的变化分辨距离为微毫米级。圆片边缘需要有欧姆接触探针。得不到绝对值

本节只讨论前两种方法。在这两种方法中,目前国内外广泛采用四探针法,因为它简便易行,适用性强,又有足够的测试精度,适用于成批生产中的测量。

(一)两探针法

对于一般的金属材料电阻,可以通过测量流过电阻的电流 I 以及两端的电压 V 的大小,然后根据样品的尺寸计算出样品的电阻率,如图2.8:

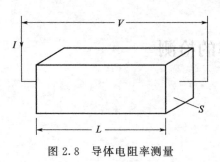

图 2.8 导体电阻率测量

$$\rho = \frac{VS}{IL} \tag{2.2}$$

式中,S是样品的截面积;L是样品的长度。

上面测量金属电阻率的方法应用到半导体样品上是不适用的,因为金属与半导体相接触的地方有很大的接触电阻。用接触法测量半导体单晶的电阻率时,会遇到测电压的金属探笔与半导体接触的问题。实际上用电压表测出的电压 $u_表$ 是接触电阻上的电压降 u_c 和半导体体电阻上电压降 u_b 之和，前者往往远远超过后者，因此电压表所测量出的电压不能代表真正的体内压降。我们可以用图 2.9 来等效这种情况。

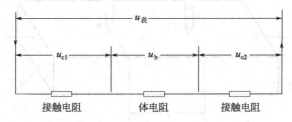

图 2.9 用图 2.8 的方法测半导体电阻率时出现接触电阻

从图 2.9 可得：
$$u_表 = u_{c1} + u_{c2} + u_b = u_c + u_b$$
因为 $u_c \gg u_b$
所以 $u_表 \gg u_b$

只能用体电阻上的压降 u_b 才能计算出半导体样品的电阻率，如果用 $u_表$ 来计算样品的电阻率，结果就要偏高很多。所以不能用图 2.9 所示的办法直接测量半导体的电阻率，在测量中必须考虑接触电阻的影响。两探针和四探针法就是基于以上的考虑而提出的测量半导体样品电阻率的方法。

1. 两探针法

两探针法可以用图 2.10 来说明。样品两端接直流电源，要求引出线与样品之间保持欧姆接触特性。样品要求是长条形的或棒状的，横截面积能精确计算。把两根间距为 L 的金属探针紧压在样品表面上，探针排列的方向与通过样品的电流方向平行。探针接电位差计或高输入阻抗的电压表。假设被测样品的截面积为 S (cm^2)，L 的单位为 cm，流过样品的电流为 I (mA)，如果电位差计测出两探针之间的电压降为 V (mV)，那么样品的电阻率可以用下式表示：

$$\rho = \frac{VS}{IL} \quad (\Omega \cdot cm) \tag{2.3}$$

与前面电阻率公式完全相同，原理也相同，都利用电学中的欧姆定律的基本关系导出。图 2.9 中的两端引线有两个作用，既作为接电流的引线，又接电压表测电压。在图 2.10 中，把两个作用分开，两端引线只作为接通电流之用，另用一对探针压在样品表面上测量电压降。现在测出的电压降不是整个样品两端的电压降，而是这两根探针所在的两个垂直于电流方向的横截面之间的电压降。这时两根探针与半导体样品之间的接触电阻仍然存在，但由于应用了电位差计，避免了接触电阻引起的问题。

在图 2.11（a）中，设流过样品的电流为 I，探针 A 和探针 B 压在样品上，探针接电位差计。设电位差计测出的电压降为 V，另外还设探针 A 和探针 B 所在的两个截面之间的体电阻为 R_b，探针 A 和探针 B 与样品的接触电阻分别为 r_1 和 r_2，电位差计的输入电阻为 r。于是可以得到等效电路如图 2.11（b）。由于外电路的分流作用，样品中的电流在流过探针 A 所在的截面后，分别为 I_1 和 I_2，I_1 继续通过样品，I_2 分流到外电路中，并且：

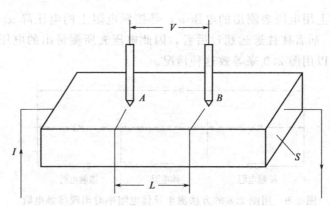

图 2.10 两探针法测量半导体电阻率

$$I = I_1 + I_2 \tag{2.4}$$

从图 2.11 可以得到：

$$u_{r1} + V + u_{r2} = u_b \tag{2.5}$$

电位差计测出的电压 V 为

$$V = u_b - (u_{r1} + u_{r2}) = u_b - I_2(r_1 + r_2)$$

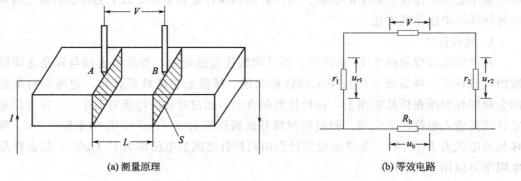

(a) 测量原理 (b) 等效电路

图 2.11 两探针法测量原理及其等效电路

用电位差测电压降的特点是，当电位差计处于平衡的时候，流经电位差计被测电路接线端的电流为零，即：

$$I_2 = 0 \tag{2.6}$$

所以：

$$V = u_b \tag{2.7}$$

不管探针与半导体之间的接触电阻有多大，用电位差计测出的仍是降落在真实电阻上的电压降，与接触电阻无关。由于这一特点，在早期的测半导体材料电阻率的仪器中，普遍采用电位差计。现在电位差计已被其他各种高输入阻抗的电压表代替，如静电计和高输入阻抗的数字电压表，特别是后者。静电计的输入阻抗非常高，例如振簧式静电计的输入阻抗可达 $10^{12}\Omega$。而数字电压表，输入阻抗达到 $100M\Omega$ 甚至 $1000M\Omega$，在目前已是不成问题的了。

为了使测量准确起见，探针头的接触半径应保持在 $25\mu m$ 左右；样品表面要经过喷砂或研磨处理；通电流的两个端面接触应为欧姆接触，为此可镀镍、镀铜或用超声焊接；样品电流不宜太大，应保证样品中电场强度不大于 1V/cm，测低阻单晶时，更应注意用尽量小的电流，避免电流的热效应。

两探针法测量电阻率是很精确的，多半用在研究工作中。此种方法适用于电阻率在 $10^{-4} \sim 10^4 \Omega \cdot cm$ 之间的半导体单晶材料。

2. 两探针测扩展电阻法

用两个金属探针与半导体表面接触，如图 2.12。若半圆状针尖的半径均为 a，则在探针上加电压时绝大部分电压将降落在两针尖附近 $1.5a$ 范围以内。在小信号（小于15mV）情况下，电压 U 与流过探针的电流 I 不论在正、反方向都呈线性关系。U/I 称为扩展电阻，用 R_s 表示。R_s 与 a 成反比，与接触处半导体材料的电阻率 ρ 成正比，即 $R_s \propto \rho/a$。对于一台固定的两探针装置（a 不变），首先用一套已知电阻率 ρ 和晶体取向的标准样片作 R_s 测量，并得出 $R_s - \rho$ 校准曲线。

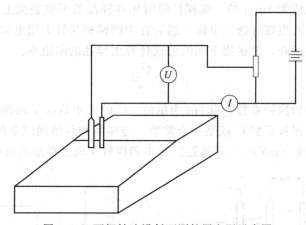

图 2.12　两探针法沿斜面测扩展电阻示意图

用两探针测量薄层的杂质分布时，须把样品事先磨成一个 $0.5° \sim 2°$ 的小角度倾斜面。然后，使两探针平行于原始表面，并沿新的倾斜表面依次测出 R_s，用 $R_s - \rho$ 校准曲线确定 ρ，再由 ρ 换算出杂质浓度 N。根据斜面的倾斜度，可以算出测量点新对应的磨角前样品的深度。这样就得出杂质浓度 N 随深度的分布。用两探针扩展电阻法测量杂质分布的优点是测量掺杂浓度范围宽，空间分辨率高，不论是同型层或异型层均适用。

3. 双探针法

直流电流 I 流过两端面有欧姆接触、横截面为 A 的均匀长条形半导体时，在样品上沿电流方向的两个相距 $1\Omega \cdot m$ 的接触（可以是合适的金属探针）上将产生电位差 V。设两个测量电压的欧姆接触之间的一段半导体内电阻率均匀，则这段半导体的平均电阻率为

$$\rho = \frac{V}{I} \times \frac{A}{l}$$

在电流方向上移动接触的位置，可以测量该方向上的电阻率分布。

样品制备：样品呈长条形，端面平整与长度方向垂直，横截面面积便于测量。在样品两个端面和不适于使用金属探针时的测量位置上制备欧姆结。对于硅，样品两端面和被测表面用氧化铝粉或碳化硅粉研磨或喷砂处理，经丙酮擦净、甲醇漂洗后在空气中干燥。在

两端面镀铜或者镍,形成欧姆接触。

测量装置:①样品架,架上装有两根炭化钨或锇制成的探针,针头间距通常取 4.7mm,探针可以上下移动,测量时探针垂直压在样品表面,在测量的过程中探针间距游移的标准偏差应小于平均探针间距的 0.25%,所有电极之间的绝缘电阻需要大于 $10^8\Omega$,样品需在钨光灯下进行测量;②直流电流源;③数字电压表。

测量方法如下。

① 样品温度保持在 (23 ± 0.5)℃。

② 将探针在抛光片上压 10 组压痕,测量探针间距,求出标准偏差,检验是否满足要求,并且得到平均距离 l_2 确定样品截面 A。

③ 选择通过样品的电流,用数字电压表测标准电阻上的电压值,从而求出样品电流 I。在探针两端测出电压 V。

(二)四探针法

四探针法用针距约为 1mm 的 4 根探针同时压在样品的平整表面上,如图 2.13 所示,利用恒流源给外面的两根探针通以电流,然后在中间两根探针上用电位差计或其他高输入阻抗的电压表测量电压降,再根据下面的公式计算出样品的电阻率:

$$\rho = C \frac{V_{23}}{I} \tag{2.8}$$

式中,C 称为四探针的探针系数,以 cm 为单位。C 的大小取决于四探针的排列方式和针距。针距确定之后,探针系数 C 就是一个常数,与样品和其他测试条件无关。V_{23} 是探针 2 和探针 3 之间的电压(mV)。I 是通过探针 1 和探针 4 流过样品的电流,mA。

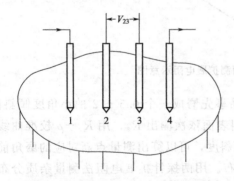

图 2.13 四探针法测量半导体电阻率

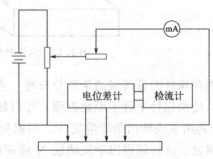

图 2.14 四探针法测电阻率原理图

四探针法的优点在于不必制备电极,使用方便,适用性强。用四探针法测量电阻率的精确度略逊于两探针法。一般认为误差为 20%。四探针法测电阻率原理见图 2.14。

考虑一块半导体样品,假定它的电阻率是均匀的,并假定它是半无限大的样品,即它只有一个平面,样品伸展在此平面下的任何地方。假定在此平面上有一个点电流源,向样品中流入电流 I,如图 2.15 所示。电流在流入样品之后,就在样品内部分散开来。如果样品是符合上述两个假定条件的,电流将在样品内均匀地扩展开,成放射状分布,等位面是半球形。在以点电流源为球心的任一半径的半球面上,任何一点处的电流强度都是相等的。可以解出在样品内部的电位分布为:

$$\Phi = \pm \frac{I\rho}{2\pi r} \tag{2.9}$$

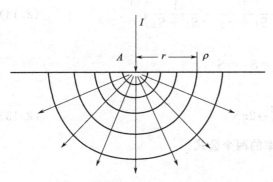

图 2.15 点电流源在均匀半无限
大样品中的电流分布及等位面

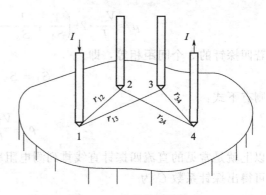

图 2.16 从探针测电位差

式中，Φ 为距离点电流半径为 r 的半球面上任何一点的电位；I 是电流大小；ρ 是样品的电阻率。当电流流入样品时，Φ 取正号。当电流自样品流出时，Φ 取负号。

如图 2.16 所示，在电阻率均匀的半无限大样品上压上 4 根探针，如果电流 I 从探针 1 流入，从探针 4 流出，则探针 1 和探针 4 在样品上成为两个点电流源。

这时在样品内任何一点的电位，就等于这两个点电流源分别在该点形成的电位的叠加，可以得到在样品表面上探针 2 和探针 3 所在处的电位为

$$\Phi_2 = \frac{\rho I}{2\pi}\left(\frac{1}{r_{12}} - \frac{1}{r_{24}}\right) \tag{2.10}$$

$$\Phi_3 = \frac{\rho I}{2\pi}\left(\frac{1}{r_{13}} - \frac{1}{r_{34}}\right) \tag{2.11}$$

可以得出在探针 2 和探针 3 之间的电位差：

$$V_{23} = \Phi_2 - \Phi_3 = \frac{\rho I}{2\pi}\left(\frac{1}{r_{12}} + \frac{1}{r_{34}} - \frac{1}{r_{13}} - \frac{1}{r_{24}}\right) \tag{2.12}$$

可以求出样品电阻率的表达式：

$$\rho = \frac{V_{23}}{I} \cdot 2\pi \left(\frac{1}{r_{12}} + \frac{1}{r_{34}} - \frac{1}{r_{13}} - \frac{1}{r_{24}}\right)^{-1} \tag{2.13}$$

上式就是利用直流四探针测电阻率的普遍公式。若四根探针排列成一条直线，其间距分别为 S_1、S_2 和 S_3，如图 2.17 所示，则上式变为

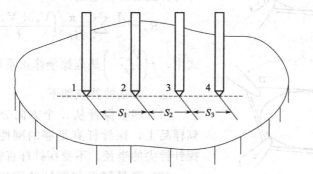

图 2.17 直线排列四探针

$$\rho = \frac{V_{23}}{I} \cdot 2\pi \left(\frac{1}{S_1} + \frac{1}{S_3} - \frac{1}{S_1+S_2} - \frac{1}{S_2+S_3} \right)^{-1} \quad (2.14)$$

若四探针的 3 个间距相等，即

$$S_1 = S_2 = S_3 = S$$

则有下式：

$$\rho = \frac{V_{23}}{I} \cdot 2\pi S \quad (2.15)$$

以上就是常见的直流四探针直线排列测电阻率的两个公式。
可得出探针系数 C 为

$$C = 2\pi \left(\frac{1}{S_1} + \frac{1}{S_3} - \frac{1}{S_1+S_2} - \frac{1}{S_2+S_3} \right)^{-1} \quad (2.16)$$

或

$$C = 2\pi S \quad (2.17)$$

对于一已知的探针头，由于针间距都是固定的，探针系数就是一个常数，它只与该探针头的针间距有关，只要测出探针之间的间距，就可以计算出探针系数来。在以后测量样品的电阻率时，就把它固定为一个常数，直接计算样品的电阻率。

在实际测量工作中，为了计算上的方便，常常令电流 I（单位为 mA）在数值上与探针系数 C（单位为 cm）的数值相等。这样，在上式中，$I=C$，于是 $\rho = V_{23}$，即由探针 2 和探针 3 之间测得的电位差（单位是 mV），在数值上就等于样品的电阻率（单位是 $\Omega \cdot$ cm）。

（三）范德堡法

改进的范德堡法能成功地应用于微区薄层电阻测量。这一方法的要点是，在显微镜帮助下，用目视法只要保证 4 个探针尖分别置于方形微小样品面上的内切圆外 4 个角区（如图 2.18 所示），就可以正确测出它的方块电阻，不需要测定探针的几何位置。

第一次测量时，用探针 A、B 作为通电流探针，电流为 I，探针 D、C 作为测电压探针，其间电压为 V_1；第二次测量时用探针 B、C 作为通电流探针，电流仍为 I，探针 A、D 作为测电压探针，其间电压为 V_2；然后依次以 C、D 和 D、A 作为通电流的探针，相应测电压的探针 B、A 和 C、D 间电压分别为 V_3 和 V_4。由 4 次测量可得样品的方块电阻为

$$R_s = \frac{1}{4} \sum_{n=1}^{4} \frac{\pi}{2 \ln 2} \left(\frac{V_n + V_{n+1}}{I} \right) f\left(\frac{V_{n+1}}{V_n} \right)$$

式中，$f\left(\frac{V_{n+1}}{V_n} \right)$ 是范德堡修正系数。

这一方法的特点如下。

(1) 四根探针从 4 个方向分别由操纵架伸出触到样品上，探针杆有足够的刚性。探针间距取决于探针针尖的半径，不受探针杆直径所限。

(2) 测量精度与探针的游移无关，测量重复性好，无需保证重复测量时探针位置的一致性。

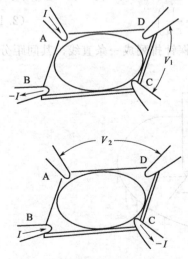

图 2.18 范德堡法探针定位

二、四探针法测量电阻率的测准条件

由上述直流四探针法测量电阻率的基本原理可知，若用式（2.8）作为测电阻率的理论依据，则必须满足以下测试条件，离开这些条件，测量电阻率就会产生较大的误差。

（1）样品的几何尺寸必须近似满足半无限大，具体地说即样品的厚度必须大于3倍针距，探针头中任一探针离样品边缘的最近距离不得小于3倍针距。如果上述条件没有得到满足，需要加以修正。

（2）测量区域的电阻率应是均匀的。为此针距不宜过大，一般采用1～2mm的针距较适宜。

（3）4根探针应处于同一平面的同一条直线上，为此要求4根探针严格地排成一直线。还要求样品表面应平整。

（4）四探针与试样应有良好欧姆接触，为此探针应当比较尖，与样品的接触点应是半球形，使电流线成放射状发散（或汇拢），且接触半径应远远小于针距，一般要求接触半径不大于50μm左右。针头应有一定压力，一般取2kg较适宜。

（5）电流通过样品不应引起样品的电导率发生变化。因为由探针流入到半导体样品中的电流，往往以少子注入的方式给样品注入了电流。譬如样品是N型材料，往往电流不以多子（电子）从样品流出进入到探针，而是以空穴（少子）向N型样品注入。这种少子注入效应随电流密度增加而加强，当电流密度较大时，注入到样品中的少子浓度就可以大大增加，以至于使测量区域内的样品电阻率下降。这样测出的电阻率就不能代表样品实际电阻率。因此，应在小注入弱电场情况下进行测量。具体地说，样品中的电场强度 $E<1\text{V/cm}$。

（6）上面所提到的少子注入效应，一方面与电流密度有关，另一方面还与注入处的表面状况和样品本身电阻率有关。因为注入进去的少子是非平衡载流子，依靠杂质能级和表面复合中心与多子相复合，因此如果材料本身的电阻率低，那么非平衡少子寿命低，而表面又进行研磨或喷砂处理，产生很多复合中心，这样注入样品中的少子就在探针与样品接触点附近很快复合掉，减少少数载流子对测量区电阻率的影响，从而保证电阻率测量的正确性。

（7）电阻率测量主要通过测量探针2、3间的电位差来进行，V_{23}要测量精确，所以规定使用电位差计或高输入阻抗的电子仪器。

（8）电流I在测量期间应保持恒定，特别是探针压力不够时，接触电阻很大并且不稳定，造成电流I不稳。

三、测试工艺

1. 测样品的电阻率

（1）首先将样品测试面进行研磨或喷砂处理，以增大表面复合，减少少数载流子注入的影响。其中以喷砂处理的表面较好，在喷砂处理的表面进行电阻率测量时，重复性能好，尤其对高阻单晶。经表面处理后的单晶表面，要用酒精棉擦洗干净，不要有水渍，不要用汗手摸样品测试表面。当样品与室温等温时立即进行测量，并且样品处理和测试时间间隔不宜过长。

（2）用测距显微镜测出S_1、S_2、S_3代入公式算出探针系数C。

（3）调节恒流源使电流I等于C。应保证通过样品的电流I满足使探针2、3的电位差不超过 100mV。

(4) 由电位差计或数字电压表直接读出样品的电阻率。每次测样品时，电流换向一次，取正反两个方向所得电阻率的平均值作为测量结果。

(5) 为了测得准确的电阻率，要在恒温室中进行测量。恒温室温度的波动范围在 (23±2)℃，相对湿度＜65%。若测量室的温度随季节有较大的波动时，要将测得的电阻率折算到 23℃时的电阻率，并记录下测量时的室温。当室温温差很大时，电阻率的变化有时会很大，特别是高阻样品。

考虑温度修正问题时，利用以下的修正公式：

$$\rho_{23} = \rho_T [1 + C_T (T - 23)] \tag{2.18}$$

式中 ρ_{23} 为修正到 23℃ 时的电阻率；ρ_T 为室温为 T（℃）时测出的电阻率；C_T 是样品的温度修正系数，它与样品的材料、导电类型、掺杂元素以及样品电阻率有关。图 2.19 为半导体硅单晶材料的温度系数。

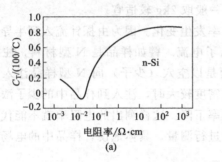 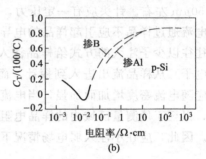

图 2.19 半导体电阻温度系数与电阻率关系曲线

为了数据可靠起见，如果没有恒温测量室的条件，也要尽力使室温的变动范围不要太大，例如，不要超出 18~28℃ 的范围。再者，如果进入测量室的样品本身的温度与测量室室温有差异，就不能立即进行测量，而要把它放在室内静置足够长的一段时间，以使它达到温度平衡。静置时间由样品本身的大小而定。

(6) 测断面电阻率不均匀度

对＜111＞晶向单晶，在断面上测 4 点：中心点及距边缘 4mm 圆周上 3 条棱的位置上的 3 点（探针间距约为 1mm 时）。如为鼓棱单晶，必须在鼓棱位置上加测一点。若直径大于 60mm，应在对应的 1/2 半径处增测 3 点。

对＜100＞晶向的单晶取 5 点：中心点及距边缘 4mm 圆周上 4 条棱的位置上的 4 点（探针间距约为 1mm 时）。若直径大于 60mm，应在对应的 1/2 半径处增测 4 点。

测边缘几点电阻率时，探针排列方向应垂直于径向。

单晶断面电阻率不均匀度：

$$E = \frac{\Delta \rho}{\rho} \times 100\% \approx 2 \times \frac{\rho_{大} - \rho_{小}}{\rho_{大} + \rho_{小}} \times 100\% \tag{2.19}$$

式中，$\rho_{大}$ 是测量点中电阻率的最大值；$\rho_{小}$ 是测量点中电阻率的最小值。

(7) 其他注意事项

① 由于光电导和光生伏特效应的影响而引起误差，特别是对接近本征导电的材料，原则在测量时应避光，除非已经证实环境的照明对测量结果没有影响。

② 附近的高频电磁辐射对电阻率的测量有影响，测量室应有屏蔽。

③ 样品台要防震或减震。

2. 测探针游移度和检验探针游移对测量结果的影响

在上述分析中，认为探针有良好的机械刚性，在接触样品时不弯曲亦不左右移动，即针尖不动，针距不变，这样探针系数 C 就是一固定常数。实际上由于探针加工问题，探针的机械位置会发生变化，即探针在未接触样品前的针距与接触样品后的针距，由于针尖的无规则运动即游移而发生变化，因而引起探针系数 C 发生变化，影响了测量结果的正确性和重复性。

探针游移度定义为：
$$\frac{\Delta \overline{S}}{\overline{S}} \times 100\% \tag{2.20}$$

式中，$\overline{S}$ 是探针与样品接触后的针距重复多次测量的平均值；$\Delta \overline{S}$ 是平均值 $\overline{S}$ 与每次测量值的差的绝对值的平均值。

测试步骤如下。

(1) 准备好一块具有平整抛光面的硅样品，使探针头以正常压力在其表面上压触，探针头抬起之后，在压过的地方就留下一组压痕。使样品在垂直于探针排列直线的方向上移动一个很小的距离，再同样的压出第二组压痕。重复以上步骤，共压出 10 组压痕。

(2) 把压过的样品放在测距显微镜中测量。在测距显微镜中，可以看到每组压痕如图 2.20，使两根外探针压痕的相同位置在 Y 轴方向上读数之差不大于 0.15mm，测量 A 到 H 的 X 轴位置，对 10 组压痕都做同样的测量。

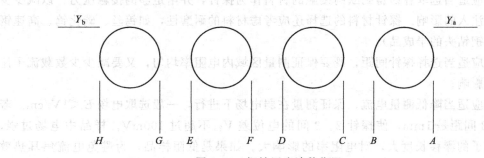

图 2.20 探针压痕读数位置

(3) 计算 10 组压痕中每组的 3 个探针间距 S_{1j}、S_{2j} 和 S_{3j}，$j=1, 2, \cdots, 10$；

$$\begin{aligned} S_{1j} &= [(C_j + D_j)/2] - [(A_j + B_j)/2] \\ S_{2j} &= [(E_j + F_j)/2] - [(C_j + D_j)/2] \\ S_{3j} &= [(G_j + H_j)/2] - [(E_j + F_j)/2] \end{aligned} \tag{2.21}$$

(4) 计算 3 个探针间距的平均值 $\overline{S}_i$ 和标准偏差 S_i，$i=1, 2, 3$；

$$\overline{S}_i = \frac{1}{10} \sum_{j=1}^{10} S_{ij} \tag{2.22}$$

$$S_i = \frac{1}{3} \left[\sum_{j=1}^{10} (S_{ij} - \overline{S}_i)^2 \right]^{1/2} \tag{2.23}$$

(5) 计算平均探针间距 $\overline{S}$

$$\overline{S} = \frac{1}{3}(S_1 + S_2 + S_3) \tag{2.24}$$

上述计算完成之后，就可以进行对探针系统的评估。一个合格的探针系统必须满足下列条件。

(1) 对 10 次测量的 3 组探针间距来说，每个探针间距的 10 次测量的标准偏差与平均值之比都不得大于 0.30%，即 $S_i/\overline{S_i} < 0.30\%$，$i = 1, 2, 3$。

(2) S_1、S_2、S_3 与 $\overline{S}$ 相差都不得大于 2%。

(3) 压痕不得有接触不良、滑移、一个接触面上有多个小接触面等现象。此外，还有一些要求也要满足。例如，从压痕可以计算出探针与样品的接触半径，此接触半径不得大于 $100\mu m$；各探针之间以及各探针与外壳之间的绝缘电阻不得低于 $1000M\Omega$ 等。

3. 测量电流的影响和选择

在测量过程中，通过样品的电流 I 从两个方面影响电阻率的测量：①少子注入并被电场扫到内探针附近使电阻率减小；②当电流较大时使样品发热，提高样品测量区的温度。我们知道，一般杂质半导体，温度升高，载流子的晶格散射作用加强，引起电阻率的升高。

少子注入的影响取决于电流 I、探针间距 S 及少子寿命等因素。电流大，针距小，寿命长，影响就大。为此在测量电阻率时应当注意下列事项。

(1) 被测样品的表面应当经过研磨或喷砂处理，提高表面复合率，降低少数载流子寿命。

(2) 应适当选取容易得到欧姆接触的材料作为探针，并给足够的接触压力，以减少少数载流子注入的影响。探针材料的选择还应考虑材料的耐磨性，如钨丝、碳化钨、高速钢丝（高速钢钻头的半成品）。

(3) 应适当选择探针间距，既要保证测量区域内电阻率均匀，又要减少少数载流子注入效应的影响。

(4) 应适当降低测量电流，保证测量在弱电场下进行，一般选取电场 $E < 1V/cm$。若探针 2、3 间距是 1mm，使探针 2、3 间的电位差 V_{23} 不超过 100mV。样品中电场过强，少数载流子的漂移长度大，对电阻率的影响大。如果是低阻样品，为避免电流焦耳热效应，电场选择得还要小。

少数载流子的注入，一般对高阻样品影响较大。因为高阻样品本身的多数载流子浓度就比较低，而且高阻样品的少数载流子寿命长，因此少数载流子的漂移长度就更大。

少数载流子注入对测量电阻率的影响是可以检验出来的。取一块高阻样品，先选取一个合适的低电流，测出样品的电阻率。然后再略为增大电流，再次测量样品的电阻率。如果两次测量的结果变化很小，说明少数载流子的注入影响很小，电流的选择是合理的。如果样品的电阻率明显地随选取的电流的增加而减小，则说明少数载流子注入的影响较大，就应将通过样品的电流减小下来。

焦耳热对低阻样品电阻率的影响也是可以检验的。取一低阻样品，在较大的电流下进行测量，记录或观察测量读数随通电时间的变化可以发现，电阻率随时间的增加而上升。这种电阻率的上升现象就是由于样品发热而引起的。

综上所述可知，为了避免电流在通过样品时产生焦耳热或少数载流子注入的影响，测量电流应适当减小。对于不同电阻率范围的样品，测量电流范围可按表 2.2 进行选取。

表 2.2　不同电阻率的测量电流范围

样品电阻率/Ω·mm	样品电流/mA	倍率
<0.01	<100	×10
0.01～1	<10	×10^2
1～30	<1	×10^3
30～1000	<0.1	×10^4
>1000	<0.01	×10^5

4. 室温变化的影响

常温范围内半导体的电阻率随着温度的上升而上升。通常所说的电阻率，如果没有指明温度，一般都指通常室温下的电阻率，即 23℃时的电阻率。为了测得准的电阻率，最好在恒温室中进行测量。恒温室温度的波动范围为 (23±2)℃。

四、晶体硅电阻率测试作业指导

（1）方法原理　四探针法。

（2）仪器设备　四探针测试仪、样品检测工作台。

（3）操作步骤

① 在背板上电源插座插好电源线、四探针连接线，检查保险丝管有无松动。

② 打开背板上的电源开关，此时面板上的数字表及各控制开关上均有指示灯点亮。

③ 从左向右，察看控制开关，先将电流 "1mA/10mA" 置于 "1mA"，"ρ/R" 置于 "ρ"，"校准/测量" 挡置于 "校准"。

④ 将四探针压在样品上，此时数字表上显示的是测量电流，调节粗调、细调旋钮，调节数字表上数字与厚度修正系数表上的值相等，即 $I=C$。如数字表显示 62.8，表示为 0.628A。

⑤ 将最右边的按钮 "校准/测量" 置于 "测量" 状态，测量灯亮。此时数字表上显示数字为实测样品电阻率。如果样品电阻率在 1.0Ω·cm 至 199.9Ω·cm 之间，均可用此挡（1mA）测量，如数字表显示 1，后三位全不显示时，表示材料电阻率大于 200Ω·cm。

⑥ 电流选择

电阻率≥1Ω·cm 时选用 1mA 挡测量。

方块电阻≥10Ω 时选用 1mA 挡测量。

电阻率≤1Ω·cm 时选用 10mA 挡测量。

方块电阻≤10Ω 时选用 10mA 挡测量。

⑦ 将 "测量/校准" 开关按到 "校准"，电流换挡开关按到 10mA，调节下面的粗、细调旋钮，调节数字表上数字与厚度修正系数表上的值相等，即 $I=C$。如数字表显示 6.28，此时测量电流即为 6.28mA。将 "测量/校准" 开关置于 "测量" 状态，测量灯亮，此时读出的数即是电阻率值，测量范围为 0.01～1.00Ω·cm。如果数字表显示 0.00 时，即表示材料电阻率很低，已小于 0.01Ω·cm。

⑧ 连续测量 10 次，每次将样品旋转 20°左右，再求平均值。

（4）注意事项

① 测试样品的探针到边缘及厚度的距离大于 3 倍针距以上，样品的几何尺寸必须近似满足半无限大。

② 四探针与试样应有良好的欧姆接触，针尖比较尖，与样品接触点为半球形，四探针应处于同一条直线上且间距相等。

③ 电流 I 在测量期间应保持恒定，特别是压力不够时，接触电阻很大并且不稳定，造成测试电阻率值不断波动（以不压坏晶体为前提）。

④ 四探针在与测试样品接触时，不宜压得过紧，否则会压坏样品。

⑤ 请勿用手直接接触硅片，需戴手套。

五、检测的结果要求

太阳能电池使用铸锭多晶的电阻率范围为 $0.5\sim3\Omega\cdot cm$，太阳电池使用的单晶棒电阻率范围为 $0.5\sim6\Omega\cdot cm$。

任务四　少子寿命的检测

【任务目标】

1. 熟悉少子寿命的各种检测方法；
2. 掌握高频光电导衰退法检测少子寿命原理及操作方法；
3. 能正确使用 WT2000 少子寿命仪进行少子寿命的测量。

【任务描述】

少子寿命是衡量半导体晶体硅质量的一项重要参数，少子寿命的大小对半导体器件性能有直接影响，例如少子寿命越大电池光电转换效率越高，开关管的开关时间与制作器件的少子寿命有关；本任务介绍少子寿命的各种测量方法，包括直流光电导衰退法、高频光电导衰退法、微波光电导衰减等，目前常用 WT2000 少子寿命仪进行检测及分析。

【任务实施】

一、少子寿命测量方法介绍

半导体在热平衡时，电子和空穴的浓度保持稳定不变。但热平衡并不是一种静止的状态，对于半导体中的载流子，任何时候电子和空穴总是在不断地产生和复合，产生和复合处于相对平衡的状态，每秒产生的电子和空穴的数目与复合掉的数目相等。在非平衡的情况下，产生和复合之间的相对平衡就被打破了。由于多余非平衡载流子的存在，电子和空穴的数目比热平衡时增多了，它们在热运动中相互遭遇而复合的机会也将成比例地增加。因此，这时复合将要超过产生而造成一定的净复合：净复合＝复合－产生。正是这种净复合的作用控制非平衡载流子数目的增减。用光照射样品（或在别的外界作用下），使之产生一定数目的非平衡载流子。当光照停止之后，由于净复合的作用，使非平衡载流子逐渐减少，以至最后消失。现在讨论的复合，指的就是这种净复合的作用。在不同情况下（如材料不同，杂质不同），复合作用的强弱可以有很大的差别。非平衡载流子的寿命 τ，就是反映复合作用强弱的参数。如果一块半导体材料的复合作用越强，它的非平衡载流子寿命 τ 就越小。不管材料是什么导电类型，非平衡多数载流子和非平衡少数载流子的浓度总是相等的。但在实际中，往往是少数载流子处于主导的、决定的地位。非平衡的多数载流子是由于保证电中性的需要而积累在那里，所以非平衡载流子的寿命常称为少数载流子的寿命。

非平衡载流子的复合是有先有后的，可以把非平衡载流子平均存在的时间定义为非平衡少数载流子的寿命 τ。对于 N 型半导体，空穴浓度为 ΔP_0，那么在光照停止后，非平衡空穴的衰减规律为

$$\Delta P = \Delta P_0 e^{-t/\tau} \tag{2.25}$$

式中，t 为光照停止时开始计算的时间；ΔP 为初始值 ΔP_0 衰减到 $1/e$ 时所经历的时间，就是非平衡空穴平均存在的时间，即非平衡空穴寿命 τ。

应当注意，只有在非平衡少数载流子的浓度与热平衡多数载流子浓度之比很小时，指数衰减规律方成立，寿命 τ 是常数。若比值较大时，寿命 τ 就不是一个常数，而是与激发出（或称为"注入"）的非平衡载流子的浓度有关。

目前常用的测量非平衡少数载流子寿命的方法，一般可分为两大类。第一类为瞬态法，或称直接法。这类方法是利用电脉冲或光脉冲（闪光）的方法，从半导体内激发非平衡载流子，调制了半导体体内的体电阻，通过测量体电阻或样品两端电压的变化规律，直接观察半导体材料中的非平衡少数载流子的衰减过程，从而测定其寿命。这类方法中主要有光电导衰退法。第二类为稳态法或称间接法。这类方法是利用稳态光照的办法，使半导体中非平衡少数载流子的分布达到稳定状态，然后测量半导体中某些与寿命有关的物理参数，从而推算出寿命的大小。这类方法主要有扩散长度法和光磁法。它的缺点是在推算非平衡少数载流子寿命的过程中，必须知道半导体材料的一些其他参数。而这些参数往往会随着样品条件的不同而不同。因此，这类方法的精确度较差，但其优点是可以测量很短的寿命。

扩散长度法测量少数载流子寿命的原理见图 2.21（a）。用一束强度稳定的狭缝光照射到样品的表面上，样品在受光照的区域内，产生非平衡少数载流子，设浓度为 ΔP_0（假定样品是 N 型半导体）。光照产生的少数载流子向附近扩散，在离光照区域距离 X 的地方放置一金属探针（集电极），在 X 点处，少数载流子的浓度为

$$\Delta P_X = \Delta P_0 e^{-X/L} \tag{2.26}$$

式中，L 是扩散长度。

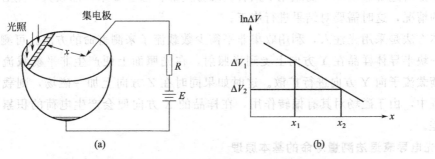

图 2.21 扩散长度法测寿命的装置（a）和计算曲线（b）

电子和空穴扩散系数在不同的材料中是不同的，而且还随着温度和材料的掺杂浓度而变化。式中的 τ 就是要测量的载流子的寿命。光照产生的非平衡少数载流子在向附近扩散的过程中逐渐复合，但复合并非同时进行，而是有先有后，所以有的载流子在复合以前扩

散的距离短,有的扩散的距离比较长,这就形成了所表示的非平衡载流子浓度的指数分布。而扩散长度 L 代表非平衡载流子在复合之前平均扩散的距离。

当非平衡载流子扩散到集电极时,即被探针收集,收集电流的大小与 ΔP_X 成正比,它在串联电阻 R 上形成压降 ΔV_X,于是

$$\Delta V_X = \Delta V_0 e^{-X/L} \tag{2.27}$$

式中,ΔV_0 为 $X=0$ 处收集电流在 R 上形成的压降。

测定 ΔV_X 与 X 的关系,在坐标纸上作图,从曲线的斜率就能算出非平衡少数载流子的扩散长度来。实际测量时,取两点:X_1 和 X_2。在 X_1 点和 X_2 点分别有

$$\left.\begin{array}{l}\Delta V_1 = \Delta V_0 e^{-X/L} \\ \Delta V_2 = \Delta V_0 e^{-X/L}\end{array}\right\} \tag{2.28}$$

取对数得

$$\ln\Delta V_1 - \ln\Delta V_2 = \frac{X_2 - X_1}{L}$$

于是

$$L = \frac{X_2 - X_1}{\ln\Delta V_1 - \ln\Delta V_2} \tag{2.29}$$

算出非平衡少数载流子的寿命 τ 为

$$\tau = \frac{L^2}{D} \tag{2.30}$$

式中,扩散系数 D 的值可以在资料中查出。硅在常温时的扩散系数见表 2.3。

表 2.3 硅在 300K 时的扩散系数

电子扩散系数 $D_n/(\text{cm}^2/\text{s})$	38
空穴扩散系数 $D_p/(\text{cm}^2/\text{s})$	13

以上所述都假定非平衡载流子只有一维方向的扩散。如果样品较大,则必须考虑柱面扩散的情况,这时需要对结果进行修正。

本方法是采用光注入,利用收集非平衡少数载流子来测寿命的方法。可测较高寿命。

一块半导体样品在 Y 方向上受到光照射,在光照面上便产生非平衡载流子。产生的非平衡载流子向 Y 方向进行扩散。这时如果同时在 Z 方向上加一磁场,则载流子在扩散的过程中,由于磁场对其有偏转作用,在样品的 X 方向便会产生电荷的积累,形成横向电势差。

二、光电导衰退法测量寿命的基本原理

光电导衰退法是目前应用最广的方法,它有高频光电导和直流光电导之分。高频光电导衰退法的优点是样品无需切割成一定的几何形状,并且在测量时不必制作欧姆电极。它是依靠电容耦合的,因此样品较少受到污染,测试方法也比较简单,在生产中得到广泛应用。它的缺点是仪器线路比较复杂,干扰也比较大。直流光电导衰退法已被作为测量少数

载流子寿命的标准方法。它的优点是测量准确度高，测量下限比高频光电导衰退法低，可以测量出几个微秒的寿命，在某些特别的装置中，还可以测量到 $0.1\mu s$ 的寿命。而高频法的测量下限一般为 $20\sim 30\mu s$。直流光电导衰退法测量样品电阻率的下限也比高频光电导衰退法低。它的缺点是对样品有一定几何形状和几何尺寸的要求，并且要求制备符合一定要求的欧姆接触。在工业生产上往往采用直流光电导衰退法对整根单晶进行测量，两端获得欧姆电极的办法也很简单，用两块相同导电类型的低阻厚单晶片压紧在被测单晶两端就行。

光电导衰退法测量寿命的下限主要受到脉冲光余辉的限制。随着光源性能的改进，寿命测量仪器的技术指标也会提高。一般情况下，用脉冲氙灯作为光源就可以，它的余辉在 $10\sim 20\mu s$。测量更短的寿命时，要采用余辉更短的光源，例如充电至数千伏的金属圆球通过空气间隙放电而形成的脉冲光源，能得到更短的余辉。在采用"转镜法"光源的测量装置中，可以测低至 $0.1\mu s$ 的寿命。随着光源技术的发展，目前已有各种新的更为理想的光源，例如红外发光二极管光源、激光光源等。除余辉外，还要求光源的波长在可见光或近红外光波长范围内，这样可以保证有较高的贯穿深度，并能将满带中的电子激发到导带，在样品内产生非平衡载流子。

当半导体材料中产生了非平衡载流子后，就引起样品的电导率发生改变，从而引起通过样品的电流，或者样品上的电压发生变化，然后依据电压或电流信号的衰减规律测量出非平衡少数载流子的寿命。直流光电导法和高频光电导法测量寿命的方法，都在光脉冲照射下产生非平衡少数载流子衰减，而得到电压或电流的衰减信号，再检测这种电压或电流信号的衰减规律，从而测出样品的非平衡载流子的寿命。下面分别探讨这两种方法的测量原理。

1. 直流光电导衰退法

图 2.22 为直流光电导衰退法测量少数载流子寿命的示意图。V_B 是直流电源，直流电源在样品中产生的电场的大小应满足如下的不等式：

$$E \leqslant 300/\sqrt{\tau\mu} \tag{2.31}$$

式中，τ 即样品少数载流子的寿命，μs；μ 是迁移率；$cm^2/V\cdot s$，一般来说，应取少数载流子的迁移率。

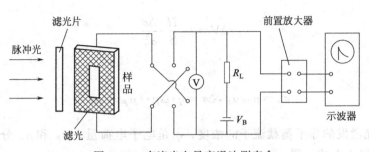

图 2.22 直流光电导衰退法测寿命

为了测量不同的样品，还要求直流电源和电阻 R_L 是可调的。样品应装在一个金属盒子中，以屏蔽外电场。样品仅在中心占 1/2 总长的部分受光照射，两端要遮住。

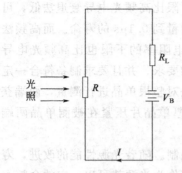

图 2.23 直流光电导衰退法等效电路

如图 2.23 所示的等效电路,这个电路是恒流电路,电流的大小为 I。设样品的电阻率为 ρ,长度为 l,截面积为 S,那么它的电阻为 $R = \rho \cdot \dfrac{l}{S}$。样品上无光照时,样品中没有非平衡载流子,样品两端的电压为

$$V = IR$$

若给样品进行光照,样品中就产生了非平衡载流子,引起了样品电导率的增加,电阻下降。假设样品电阻的变化量为 ΔR,那么样品两端的电压变化量 ΔV 为

$$\Delta V = I \cdot \Delta R$$

ΔV 与非平衡载流子之间的关系为

$$\Delta V = I \cdot \Delta\left(\rho \cdot \dfrac{1}{S}\right) = I \cdot \dfrac{1}{S} \cdot \Delta \rho$$

设样品在没有光照时的电导率为 σ_0,光照后的电导率为 σ,则

$$\Delta \rho = \dfrac{1}{\sigma} - \dfrac{1}{\sigma_0} = \dfrac{\sigma_0 - \sigma}{\sigma \sigma_0} = -\dfrac{\Delta \sigma}{\sigma \sigma_0}$$

所以

$$\Delta V = -\dfrac{Il}{S} \times \dfrac{\Delta \sigma}{\sigma \sigma_0} \tag{2.32}$$

假定光照不太强,这时注入半导体中的非平衡载流子较少,因此样品电导率的变化很小,也就是说满足小注入条件。这时

$$\sigma \approx \sigma_0, \Delta \sigma / \sigma_0 \ll 1$$

式(2.32)就成为

$$\Delta V \approx -\dfrac{Il}{S} \cdot \dfrac{\Delta \sigma}{\sigma_0^2} \tag{2.33}$$

对 N 型样品有

$$\sigma_0 = n_0 e \mu_n, \Delta \sigma = q \cdot \Delta p \cdot (\mu_p + \mu_n)$$

式中,Δp 是光激发的非平衡载流子的浓度;q 是电子电荷量;μ_p 和 μ_n 分别是空穴和电子的迁移率。代入上式,得

$$\Delta V \approx -\dfrac{Il}{S} \cdot \dfrac{q}{\sigma_0^2} \cdot (\mu_p + \mu_n) \cdot \Delta P$$

最后得

$$\Delta V \approx -V \cdot \frac{\Delta p}{n_0} \cdot \frac{b+1}{b} \tag{2.34}$$

式中，b 为电子迁移率与空穴迁移率之比，且

$$b = \mu_n / \mu_p \tag{2.35}$$

对于 P 型样品，用同样方法可以得

$$\Delta V = -V \cdot \frac{\Delta n}{p_0} \cdot (1+b) \tag{2.36}$$

由式（2.35）可知样品两端电压的变化量与半导体中非平衡载流子浓度成正比关系，因此非平衡载流子的变化情况，可以用电压的变化情况来表示。测量出样品两端电压衰减规律，就能正确地反映出非平衡载流子的衰减规律。但是应该注意，上述测量原理只在小注入的条件下才能成立。

在直流光电导衰退法中，样品两端的电压衰减信号取出之后，通过前置放大器的放大，再输入到脉冲示波器观测，在指数衰减曲线上，找出当信号从初始值到衰减至初始值的 $1/e$ 倍的时间，把这一时间确定为非平衡少数载流子的寿命。

2. 高频光电导衰退法

高频光电导衰退法测少数载流子寿命装置的示意图如图 2.24，被测半导体材料放在金属电极上，在高频电磁场的作用下，作为阻容耦合。样品在无光照的情况下，由高频源经过样品和取信号电阻 R_2 流过一个频率和高频源频率相同的高频电流 i：

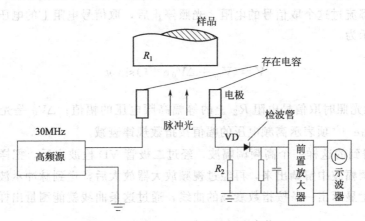

图 2.24 高频光电导衰退法测寿命装置

$$i = I_m \sin\omega t \tag{2.37}$$

式中，I_m 是无光照射时样品中高频电流的幅值；ω 是高频源的角频率。当样品受到光照射时，样品受光激发，产生非平衡载流子，电导率增加，样品的电阻减小，因此样品

上流过的高频电流的幅值增加。把电流幅值的增加量记为 ΔI_0，那么光照时样品的电流应为

$$i = (I_m + \Delta I_0)\sin\omega t \tag{2.38}$$

当照射样品的光照停止后，样品中的非平衡载流子就按指数规律衰减，逐渐复合而消失掉。因而样品中的高频电流的幅值也逐渐减少，最后恢复到无光照时的幅值 I_m。以上高频幅值的变化称为高频电流受到了调制，其变化规律也应该按指数规律衰减。此时，样品在光照停止后的电流应是一个调幅波：

$$i = (I_m + \Delta I_0 e^{-t/\tau})\sin\omega t \tag{2.39}$$

式中，$\Delta I_0 e^{-t/\tau}$ 项表示高频电流的幅值按指数规律衰减；τ 为非平衡载流子的寿命。

以上三种情况样品中 s 高频电流的幅值随时间的变化可以用图 2.25 表示出来。由图可以看出无光照和长期受到光照时样品中的电流都是一个等幅高频电流，但后者的幅值比前者高出 ΔI_0，光照停止后，样品中的电流是一个调幅的高频电流。

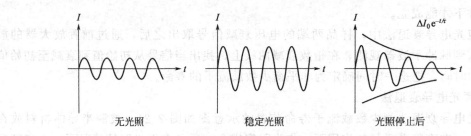

图 2.25　三种情况下样品中高频电流幅值的变化

串联在高频电流回路中的电阻 R_2 称为取信号电阻或匹配电阻，在上面所述三种情况下的高频电流都流过这个取信号的电阻。光照停止后，取信号电阻上的电压是一个高频调幅波，可以表示为

$$V = (V_m + \Delta V_0 e^{-t/\tau})\sin\omega t \tag{2.40}$$

式中，V_m 是无光照时取信号电阻 R_2 上的等幅高频电压的幅值；ΔV_0 是光照后电压幅值的增加量；$\Delta V_0 e^{-t/\tau}$ 项表示高频电压的幅值按指数规律衰减。

在 R_2 上得到的这样一个高频调幅波，经过二极管 VD 检波之后，把样品中光电导衰减信号从高频调幅波中解调出来，再经过视频放大器放大后，送到脉冲示波器的垂直偏转上，在示波屏上显示出一条按指数衰减的曲线，通过这条曲线就能测量出样品少数载流子寿命来。

高频光电导衰退法测量少数载流子寿命装置的方框图如图 2.26 所示。

三、测准条件的分析

1. 满足体复合条件

当半导体内注入了非平衡载流子后，一方面依靠体内的杂质和缺陷作为复合中心，另一方面，依靠表面能级作为复合中心，使非平衡载流子逐渐衰减。当表面复合作用影响较

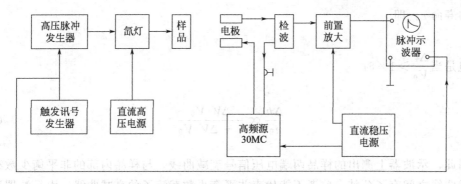

图 2.26 高频光电导衰退法测寿命装置方框图

大时，非平衡载流子的衰减偏离指数规律，衰减得更快一些。这样测出的寿命值（表观寿命）比实际体寿命要短。它们之间的关系为

$$z = \left(\frac{1}{z_{表现}} - \frac{1}{z_{表面}}\right)^{-1} \quad (2.41)$$

表面复合作用一方面与样品表面的状况有很大关系，另一方面与样品的尺寸和形状有关。样品表面经研磨或喷砂的话，那么表面复合中心较多，表面复合作用影响较大。样品尺寸越小，样品表面积相对来说就越大，即表面积与体积的比值大，表面复合作用影响就大。

为了保证测量的准确，表观寿命必须大于体寿命的一半，即表面复合率不得大于体寿命的倒数。如不能满足这个条件，应切取更大尺寸的样品进行测量。在光电导衰退法中，样品的尺寸大小决定了可测寿命的上限。

为了满足体复合条件，从而减少表面复合的影响，对光学系统来说，应该使用贯穿光。所谓贯穿光就是透入半导体内部较深的光。对硅来说，波长为 $1.1\mu m$ 的光吸收系数很小，而且这种波长的光能保证激发出非平衡载流子。波长更短的光往往不易透入半导体内部，在半导体表面激发出非平衡载流子，这样表面复合作用就影响较大。为了防止短波长的光照射被测半导体样品，可以在光路上添置硅滤光片。这种硅片应是高阻的，厚度为 $0.5\sim 2mm$。加滤光片的目的是让贯穿光透过滤光片后再照射样品，而短波长的光则被滤光片吸收掉。

使用激光作为光电导衰退法的光源有其优越的地方。它是单色的（单一波长），波长符合 $1.1\mu m$ 左右是很好的贯穿光。

2. 满足小注入条件

无论是直流光电法或高频光电导法，测量少数载流子寿命时应满足小注入条件。一般认为 $\frac{\Delta P}{n_0} < 1\%$ 就符合小注入条件。

对于直流光电导来说，可以用样品两端在光照和未受光照时电压变化来反映注入比的大小。当 $\frac{\Delta V}{V_0} \leqslant 1\%$ 时有

$$\frac{\Delta p}{\Delta n} \propto \frac{\Delta V}{V_0}$$

由示波器测出的电压信号衰减曲线确定的寿命称为 τ_v。在小注入条件下，τ_v 就等于

样品的寿命 τ，即

$$\tau = \tau_v$$

但是当 $\dfrac{\Delta V}{V_0} > 1\%$ 时

$$\frac{\Delta p}{n_0} \propto \frac{\Delta V/V_0}{1 - \Delta V/V_0} \tag{2.42}$$

因此，示波器上测出的样品两端电压信号衰减曲线，与样品内部的非平衡少数载流子的衰减曲线之间有了分歧，前者不能代表非平衡少数载流子的衰减曲线。由示波器测出的电压信号衰减曲线确定的寿命 τ_v 与非平衡少数载流子寿命 τ 不完全一致，两者之间的关系为

$$\tau = \tau_v \left[1 - \left(\frac{\Delta V}{V} \right) \right]$$

在采用高频光电导法时，对高阻单晶（$R_1 \gg R_2$），若选取 R_2 为 50Ω 以下值时，$\dfrac{\Delta V}{V}$ 近似等于注入比；但对于低阻单晶或选用较大的匹配电阻时，不能直接用 $\dfrac{\Delta V}{V}$ 来代替注入比。

高频光电导法中 $\dfrac{\Delta V}{V}$ 的大小与闪光电压成正比。当闪光电压较小时，寿命值变化不大，接近于常数，而当闪光电压增大到一定值时，寿命也随之显著增大。

对于高阻单晶（例如 $5000\Omega \cdot cm$），如选用 $R_2 = 50\Omega$，那么只要闪光电压的大小满足 $\dfrac{\Delta V}{V} \leqslant 1\%$ 时，即可满足小注入的条件。

注入比控制的方法有三方面。第一是控制氙灯的闪光电压，因为氙灯的光强取决于氙灯两端所加的闪光电压的大小。只要能够得到足够强度的信号，便于示波器观察，可尽量选择低的闪光电压，以便使激发出的非平衡载流子少些，以利于减少注入比。第二是加滤光片，因为滤光片能吸收一部分光能量，使通过滤光片后的光的强度减弱，减小了注入比。第三是加光阑，限制光通量，效果也是减小注入比。

3. 样品内电场强度和光照面积

样品内的电场强度对直流光电导衰退法测量寿命有很大影响。在光照激发出非平衡载流子后，非平衡载流子在体内会逐渐复合掉。如果样品内的电场强度太大，非平衡载流子在电场力作用下产生漂移运动。漂移运动的速度一方面与它的迁移率有关，另一方面还与电场强度有关。电场越强，漂移速度越高。如果非平衡载流子在半导体样品内尚未来得及复合掉以前，就被电场扫引出导体体外而进入电极，那么显然样品的寿命就偏低了。要求电场强度不要超过临界电场。所谓临界电场就是非平衡载流子的扩散运动和漂移运动速度相一致时的电场强度。半导体内的电场强度在临界电场以下时就不会影响测量的正确性。临界电场的大小前面已给出：$E_c = \dfrac{300}{\sqrt{\tau \mu}}$。临界电场的要求是在一定的光照面积条件下得出的，即光照区在样品的中央。

4. 陷阱效应的消除

在半导体内往往存在一些陷阱中心。当非平衡载流子被激发出来以后，可以被陷阱所俘获，然后经过一段较长的时间（大于 τ），才被释放出来，再复合衰减掉，因此使寿命值增长。这种寿命不能代表真正的体寿命，陷阱效应表现在指数衰减曲线有一条拖长的尾巴。

陷阱效应对测量的影响可以采用如下两个办法得到消除：第一个办法是使整个样品加底光照，然后再用氙灯闪光进行照射，这样做的目的是让底光预先激发出载流子，用这些激发的载流子来填满陷阱，然后在氙灯闪光测少数载流子寿命时，陷阱就失去俘获非平衡载流子的能力，消除了它对测量的影响；第二个办法是将硅单晶加热到50~70℃，这时，晶格热振动加剧，平衡少数载流子浓度大大提高，而半导体的陷阱中心数量是不变的，因此当少数载流子浓度提高后，陷阱中心对它的俘获就显得不那么显著，陷阱效应就少多了。

5. 光生伏特效应

当光照射半导体时，在光照区域内电阻率不均匀之处，以及光照面与暗面之间都存在电位差，称为光生伏特效应。光生伏特效应影响非平衡载流子的复合，使寿命值测不准。在测量少数载流子寿命时，应当注意这个问题，在光电导衰退法中，可以用以下办法检查光生伏特效应是否存在。在样品上没有电流流通的情况下，用光激发出样品内的非平衡少数载流子，如果有光生伏特效应，那么样品内将有光生电动势产生，它也是跟随非平衡少数载流子按指数规律衰减的，这样在示波器上也出现一条指数衰减曲线，由此证明样品内有光生伏特效应。一般来说，如果样品的电阻率是比较均匀或光照不太强，那么光生伏特效应是不显著的，对少数载流子寿命测量的影响可以不考虑。

四、测试工艺

1. 对测量仪器的要求

要求脉冲光源能产生一个关断时间很短的光脉冲，在脉冲持续时间内又要能产生具有足够能量的光。为了充分利用光能，可以使用反射镜和透镜，以便将尽量多的光能有较多地照射到有限的样品光照区域上。另一方面，照射到样品上的光又不可以太强，否则光注入的非平衡载流子的浓度太高，不能满足测量的小注入条件，测量结果就不准确。

在光电导衰退法中，能够测量的寿命值的下限主要由光的关断时间决定。要求在被测样品体寿命的1/5以下的时间内，光的强度要下降至最大光强的10%以下。如果把光的最大光强下降至10%的这段时间叫做余辉，那么可测寿命的下限就是余辉2倍的时间。

脉冲光的闪光频率一般在1~5次每秒。在高频光电导衰退法中，高频源的频率为25~35MHz，输出阻抗要低，输出功率不低于1W。

对检测部分，因为示波器本身有放大和衰减的作用，所以前置放大器和示波器要放在一起来考虑。要求其频率响应为2Hz~1MHz，垂直增益和水平偏转的非线性失真应小于3%，垂直偏转灵敏度在1mV/cm以上，上升时间不大于 $0.2\mu s$。

2. 样品的准备

为了尽可能减少表面复合对寿命测量的影响，应尽量使用大的样块，甚至测量整根单晶锭。如果不能测量整个大块的样品，可以从它的头尾两端切较厚的片，分别测头尾片的寿命，测出的头尾片的寿命值，就可以作为大块样品的寿命范围。测大样品块或测整根单晶时，不必进行表面复合的修正，表面的状态（喷砂、研磨或抛光的表面）对测量结果的影响也不必考虑了。在小样品的情况，因为必须考虑表面复合，所以一定要注意样品的几何形状和表面状态。

样品要加工成圆柱形或矩形，表面要经过研磨或喷砂，只有这样才能计算出表面复合项的大小。

在直流光电导衰退法测量的情况下，样品两端引线的接触面要求是整个面接触，而且要保证良好的欧姆接触，接触电阻不大于体电阻的10%，当通过样品的恒流电流极性改变时，两端电压相差要求不超过5%，这样的接触才可以认为是非整流的（N型硅可镀镍，P型硅镀铑，不管是什么样品都不应镀铜），然后在电镀面上焊引出接线，或用金属编织带或铅、铟等软金属片压紧作为引出端。在测量大样块的情况下，常将相同型号的低阻厚片压在样块上保持良好接触也能起到较好的效果，这时样块的两端仅进行喷砂或研磨即可。由于这样做很简便，在生产中可以采用，但测量准确性较差。

当采用小样品测量时，要求样品的电阻率均匀，整个样品内最低电阻率不得低于最高电阻率的90%。测量大样品时，要求可不必这样高，但要求在测量区域及其附近，电阻率不能有明显的变化。

3. 测量和读数方法

样品准备好之后，放置在样品座上，按前面所述测准条件进行测试，并控制好注入比之后，即可在示波器的荧光屏上读取寿命值了。使用示波器读寿命时，首先必须要对好基线，这时一定要用示波器的慢扫描挡，如果是用较快的扫描挡，示波屏上的指数衰减曲线的尾部离实际基线尚有一定的距离，若把衰减曲线的尾部最低点作为基线所在的高度，必将对测量结果带来误差。基线对好以后，在整个测量过程中，不能再对示波屏上的曲线进行任何垂直位移的调节，若不慎误操作，则一定要回到慢扫描挡上重新对基线。

基线对好以后，就可调节示波器的水平位移、垂直衰减和放大、扫描速度和扫描微调各挡旋钮，最终得到合适的波形，再进行读数。

在示波屏上读寿命值的方法有很多种。可以在示波屏的方格屏上事先画好一个指数衰减曲线，如图2.27所示。曲线的方程是：

$$Y = 6e^{-x/2.5} \tag{2.43}$$

把衰减曲线调节到与这个事先画好的曲线——标准曲线相比较，如吻合则光电导信号的变化就与标准曲线相同。标准曲线上的y值由初始值（6大格）衰减到初始值的$1/e$的水平轴距离是2.5大格，所以水平轴2.5大格距离内所表示的时间就是寿命值：

$$\tau = LS \tag{2.44}$$

式中，L是y轴从初始值减至$1/e$时水平轴的距离，在图2.27中即为2.5大格；S是扫描速度，即每大格代表的微秒数。这时，由于在调节衰减曲线时，必须使用扫描微调旋钮，所以不能把扫描时间挡上标示的时间看成是式（2.44）中的S值，而要利用时标来读数。利用时标时，可以直接读出L距离上的时间，也就是直接读出寿命值。

这种读数的方法称为标准曲线法，用标准曲线法可以很容易地看出衰减曲线是否符合指数衰减规律，从而判断出表面复合的影响以及是否有陷阱存在。

如果示波器的扫描时间不能进行连续可变调节，则不能采用标准曲线法来测量寿命，只能用直接读数的方法。示波器上的衰减曲线调好之后，设此时的扫描时间挡的位置是 S，在曲线上找到两点。第一点是曲线的最大值位置，第二点的高度是第一点高度的 $1/e$，读出这两点的水平轴方向上的距离 L，就可以应用式（2.44）求出寿命。

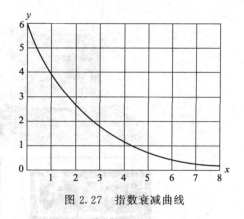

图 2.27 指数衰减曲线

由于存在表面复合和陷阱等因素的影响，实际的光电导衰退曲线常常与指数衰减曲线不完全相符，在读取寿命时，应在 $\frac{\tau}{2} \sim 2\tau$ 之间来读比较合适。所以，在应用直接读数法时，第一点不要采取曲线的最高点，例如，曲线最高点调在 5 大格上下，取第一点高度为 2.72 大格，第二点高度为一个大格。实际上，为了读数方便，可以事先在示波屏上画好相应于上述高度的几条水平横线，第一条线为曲线最高点，第二条线为第一读数点高度，第三条线为第二读数点高度，第四条线为基线，如图 2.28 所示。衰减曲线与第二、三条线相交的两点的水平轴距离就是 L 值。

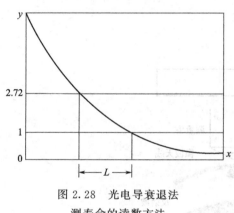

图 2.28 光电导衰退法测寿命的读数方法

直接读数法省去了对曲线的麻烦，比标准曲线法要方便。但不能判断衰减曲线与指数衰减曲线的符合程度。

在选取第一、第二读数点的高度时，不必正好是 e 倍，也可以是任何方便的数值 a 倍，这时，在应用式（2.44）计算时，要除以 $\ln a$：

$$\tau = \frac{1}{\ln a} LS \tag{2.45}$$

例如，$a=2$ 时，$\tau=1.44LS$；$a=3$ 时，$\tau=0.91LS$。

五、WT2000 少子寿命测试仪

WT2000 少子寿命测试仪的外观如图 2.29 所示。

测量原理图如图 2.30 所示。

样品表面需要钝化处理。μPCD 测出来的少子寿命值，包含了体寿命和表面寿命，是两者综合作用的结果。测得的少子寿命可由下式表示：

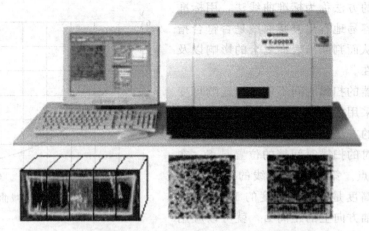

图 2.29　WT2000 少子寿命测试仪

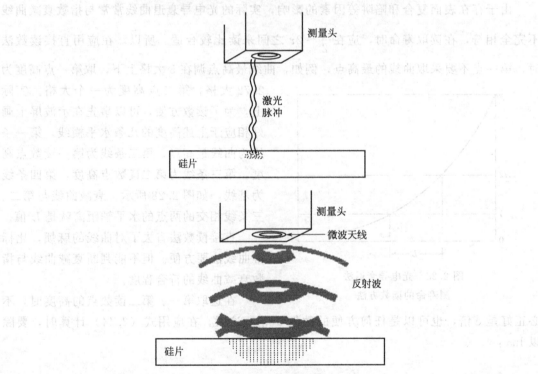

图 2.30　微波光电导衰减法原理图

$$\frac{1}{\tau_{\text{meas}}} = \frac{1}{\tau_{\text{bulk}}} + \frac{1}{\tau_{\text{surf}} + \tau_{\text{diff}}}$$

$$\tau_{\text{diff}} = \frac{d^2}{\pi^2 D_n D_p}$$

$$\tau_{\text{surf}} = \frac{d}{2S}$$

式中，τ_{surf} 为少子从样品体内扩散到表面所需时间；τ_{diff} 为因表面复合产生的表面寿命；τ_{meas} 为样品的测试寿命；d 为样品厚度；D_n，D_p 分别为电子和空穴的扩散系数；S 为表面复合速度。

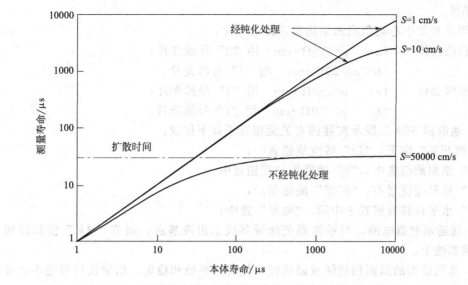

图 2.31　不同表面复合速率对测量体少子寿命的影响曲线图

由图 2.31 可知，在样品厚度（体少子寿命）一定的情况下，表面复合速率越大，则在测试高体寿命样品时，测量值与实际的体寿命值的偏差会越大；而对于低体寿命的样品（如体寿命为几个微秒），这种偏差会降低很多。

因此我们需对样品表面进行钝化，以降低样品的表面复合速率。从图中我们可以看到，对于表面复合速率 S 为 1cm/s，或 10cm/s 的样品，即使在 $1000\mu s$ 数量级的体寿命，测量寿命还是与体寿命偏差很小。因此，为了获得样品真实的体寿命值，最好对样品表面进行钝化处理。

通常采用化学钝化处理来对硅片表面进行钝化，钝化前先对硅片进行预处理，在 95% HNO_3 + 5% HF 中浸泡 1min，然后用碘酒进行钝化。碘酒的浓度控制在 0.2%～5%，例如在 100ml 无水乙醇中加入 1g 碘作为钝化液。将硅片装入透明密封胶带中，注入钝化液使硅片两面都被浸润。测量时将钝化包装的硅片放在测试台上测量即可。

六、非平衡少数载流子寿命测试作业指导

1. 方法原理　高频光电导衰退法
2. 仪器设备
(1) 614-A2.1kVA 电子交流稳压器；
(2) GGS-3.SR8 二踪示波器；
(3) 少子寿命测试仪。
3. 过程控制
(1) 开启稳压器　接通 614-A2.1kV·A 电子交流稳压器，大约 5min 后，稳压器输出稳定在 220V 时，方可接通 GGS-3 及 SR8 二踪示波器。
(2) 开启寿命测试仪
① 电源接通，指示灯亮。
② 光源接通，指示灯亮。
③ 在耦合电极上抹上适当离子交换水，把处理好的晶体耦合上去，喷砂面向下，断面测电阻率边缘的第一点标志对着操作者，且对准耦合环底部，断面中心部分对准光源框

并压紧晶体。

④ 根据断面中心电阻率的平均值选择滤光片：
a. 直拉晶体　　(a)　$\rho \leqslant 20\Omega \cdot cm$　用"0"号滤光片；
　　　　　　　(b)　$\rho > 20\Omega \cdot cm$　用"1"号滤光片。
b. 区熔晶体　　(a)　$\rho \leqslant 50\Omega \cdot cm$　用"1"号滤光片；
　　　　　　　(b)　$\rho > 50\Omega \cdot cm$　用"3"号滤光片。

（3）通电前 SR8 二踪示波器的有关旋钮置于如下位置：
"电源开关"向下，"¤"辉度旋钮置中；
"⊙"聚焦旋钮置中，"0"辅助聚焦旋钮置中；
"⊗"标尺亮度置右；"扩展"旋钮勿动；
"⇆"水平位移旋钮置于中间，"电平"置中；

（4）接通示波器电源，当示波器荧光屏基线上出现基点，调节"↑↓"位移旋钮，把基点调到基线上。

（5）选用适当的微调扫描钮及微调钮，使曲线平稳和稳定，信噪比尽可能小，并使曲线幅度的高度为 5 格。

（6）旋转 X 轴水平位移旋钮，使曲线与 Y 轴相交于 e 点（e 为 2.72 格处红点位置）。曲线与第一大格相交于 X_0 点，衰减曲线与 e 点、X_0 点相交的两点的水平轴距离就是 L 值。如图 2.32 所示。

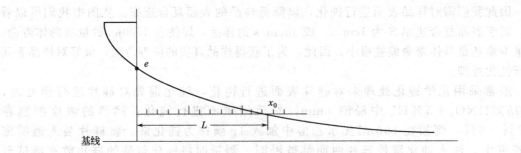

图 2.32　高频光电导衰退法测试示意图

（7）如果曲线头部出现平顶现象，说明信号过大，应调节"调谐"钮，使之去掉平顶部分，在曲线无畸变的情况下进行测量。

七、检测结果的要求

铸锭多晶硅中少子寿命 $\geqslant 1\mu s$，单晶棒中少子寿命 $\geqslant 5\mu s$。

任务五　纯度的检测

【任务目标】
1. 熟悉原子吸收光谱仪的基本原理及用途；
2. 掌握原子吸收光谱仪的使用与调试；
3. 熟悉原子吸收光谱仪的维护。

【任务描述】
在单晶和铸锭多晶生长、硅片加工和太阳电池制备过程中，都有可能引入金属杂质，这些杂质无论是原子状态还是沉淀状态，最终都会对太阳电池光电转换效率产生影响，特别是过渡族金属杂质，基本上都是深能级杂质，会严重增强载流子的复合，导致晶体硅少子寿命下降，进而降低太阳电池的转换效率；本任务采用原子吸收光谱仪进行检测及分析。

【任务实施】

太阳电池级晶体硅对杂质有着严格的要求，总的纯度要求达到 6 个 9，即杂质总含量不超过百万分之一。通常晶体硅中含有多种杂质，表 2.4 展示了主要的杂质及其在不同晶体硅中杂质的含量。

表 2.4　晶体硅中的杂质含量表

杂质	杂质浓度/($\times 10^{-6}$)		太阳能级
	冶金级		
	98%~99%	99.5%	
Al	1000~4000	50~600	<0.1
Fe	1500~6000	100~1200	<0.1
Ca	250~2200	100~300	<1
Mg	100~400	50~70	<1
Mn	100~400	50~100	≪1
Cr	30~300	20~50	≪1
Ti	30~300	10~50	≪1
V	50~250	<10	≪1
Zr	20~40	<10	≪1
Cu	20~40	<10	<1
B	10~50	10~15	0.1~1.5
P	20~40	10~20	0.1~1
C	1000~3000	50~100	0.5~5

一、原子吸收光谱仪的基本原理及用途

原子吸收光谱仪可测定多种元素，火焰原子吸收光谱法可测到 10^{-9} g/mL 数量级，石墨炉原子吸收法可测到 10^{-13} g/mL 数量级。其氢化物发生器可对 8 种挥发性元素汞、砷、铅、硒、锡、碲、锑、锗等进行微痕量测定。

原子吸收光谱仪从光源辐射出具有待测元素特征谱线的光，通过试样蒸气时被蒸气中待测元素基态原子所吸收，由辐射特征谱线光被减弱的程度来测定试样中待测元素的含量。

任何元素的原子都是由原子核和绕核运动的电子组成，原子核外电子按其能量的高低分层分布而形成不同的能级，因此，一个原子核可以具有多种能级状态。能量最低的能级状态称为基态能级（$E_0 = 0$），其余能级称为激发态能级，而能量最低的激发态则称为第一激发态。正常情况下，原子处于基态，核外电子在各自能量最低的轨道上运动。

如果将一定外界能量如光能提供给该基态原子，当外界光能量 E 恰好等于该基态原子中基态和某一较高能级之间的能级差 E 时，该原子将吸收这一特征波长的光，外层电子由基态跃迁到相应的激发态，而产生原子吸收光谱。

电子跃迁到较高能级以后处于激发态，但激发态电子是不稳定的，大约经过 10^{-8} s 以后，激发态电子将返回基态或其他较低能级，并将电子跃迁时所吸收的能量以光的形式释放出去，这个过程称原子发射光谱。可见原子吸收光谱过程吸收辐射能量，而原子发射光

谱过程则释放辐射能量。核外电子从基态跃迁至第一激发态所吸收的谱线称为共振吸收线，简称共振线。电子从第一激发态返回基态时所发射的谱线称为第一共振发射线。由于基态与第一激发态之间的能级差最小，电子跃迁概率最大，故共振吸收线最易产生。对多数元素来讲，它是所有吸收线中最灵敏的，在原子吸收光谱分析中通常以共振线为吸收线。

原子吸收光谱仪是由光源、原子化系统、分光系统和检测系统组成。

（1）光源

作为光源要求发射的待测元素的锐线光谱有足够的强度和稳定性。

（2）原子化器

可分为预混合型火焰原子化器、石墨炉原子化器、石英炉原子化器、阴极溅射原子化器。

（3）分光系统（单色器）

由凹面反射镜、狭缝或色散元件组成。色散元件为棱镜或衍射光栅。

（4）检测系统

由检测器（光电倍增管）、放大器、对数转换器组成。

二、Solar-929 原子吸收光谱仪仪器的使用

1. 安装

（1）仪器应放在防潮、防尘、防震，无腐蚀性气体，空气相对湿度小于 70%，通风良好的实验室里。

（2）仪器主机一定放在固定的平台上，离墙大约 0.5m，避免日光直接照射。

（3）主机烟窗上方应装排风罩，排风罩离主机烟窗大约 25cm，绝对禁止直接接到仪器烟窗口上，管道应采用防腐材质，排风要适量。

（4）主机和附件的电源最好通过一台电子交流稳压器，稳压后再进仪器，仪器应接地线。

（5）所有气体管道应清洁、无油污、耐压，空气管道要安装"空气过滤减压阀"。各管道接头处要密封、牢靠，并经试漏检查。

（6）在雾化室下面 30cm 处，将 13~18cm 长的排水管弯成圆环，充入一定量的水作为水封。管子的一端与雾化室废液出口相连接，用夹子夹牢，另一端浸入废液瓶中液面下 15cm 左右。废液排水导管应时刻保持畅通无阻。

2. 调试

（1）对光调整

① 光源对光。接通 220V 电源，开启交流稳压器，点燃某元素灯，调单色器波长至该元素最灵敏线位置，使仪表有信号输出。移动灯的位置，使接收器得到最大光强。用一张白纸挡光检查，阴极光斑应聚焦成像在燃烧器缝隙中央或稍靠近单色器一方。

② 燃烧器对光。燃烧器缝隙位于光轴之下并平行于光轴，可以通过改变燃烧器前后、转角、水平位置来实现。先调节表头指针满刻度，用对光棒或火柴杆插在燃烧器缝隙中央，此时表头指针应从最大回到零，即透光度从 100% 至 0%，然后把光棒或火柴杆垂直放置在缝隙两端，表示指示的透光度应降至 20%~30%，如达不到上述指标，应对燃烧器的位置再稍微调节，直到合乎要求。也可以点燃火焰，喷雾该元素的标准溶液，调节燃

烧器的位置,到出现最大吸光度为止。

(2) 喷雾器调整

喷雾器中的毛细管和节流嘴的相对位置和同心度是调节喷雾器的关键,毛细管口和节流嘴同心度愈高,雾滴愈细,雾化效率愈高。一般可以通过观察喷雾状况来判断调整的效果,拆开喷雾器,拿一张滤纸,将雾喷到滤纸上,滤纸稍湿则是恰到好处的位置。

有些仪器的喷雾器是可调的,在未点火时,先将喷雾器调节到反喷位置,即插入液面的毛细管出现气泡,然后点燃火焰喷雾标准液,按相反方向慢慢移动,得到最大吸光度便可固定下来。

(3) 碰撞球的调节

碰撞球位置以噪音低,灵敏度高为好。将喷雾器卸下,吸喷蒸馏水,改变碰撞球位置,当喷出的雾远而细,并慢慢转动前进时,就是它的最佳位置。这项调节有较大难度,一般情况下使用出厂时的位置,不再调节。

(4) 试样提取量的调节

试样提取量是指每分钟吸取溶液的毫升数,溶液提取量与吸光度不成线性关系,在 4~6ml/min 时有最佳吸收灵敏度,大于 6ml/min 时灵敏度反而下降。通过改变喷雾气流速度和聚乙烯毛细管的内径及长度,能调节试样提取量,以适应各种不同溶液的喷雾。

(5) 测试项目

① 稳定性。常以基线稳定度来表示,指仪器在正常运行中,仪表指示,基线的漂移与波动的程度。选用质量优良的铜空心阴极灯,在不点火,不进样的情况下,将"标尺扩展"开到最大,灯预热半小时后测定基线漂移应小于 0.004 单位吸收值。

② 波长精度。指谱线波长理论值与仪器波长实际读数的差值。

③ 单色器的分辨率。表示仪器分开相邻两条谱线的能力,常用镍灯或汞灯来测试。

④ 灵敏度。国际纯粹与应用化学联合会(IUPAC)规定,某种分析方法在一定条件下的灵敏度表示被测物质或含量改变一个单位时所引起的测量信号的变化。在原子吸收光谱法中可以理解为校正曲线的斜率(dA/dC)。但我们经常用另一个概念来作为仪器对某个元素在一定条件下的分析灵敏度,这就是特征浓度 S。根据国际统一标准,在原子吸收光谱分析中,把产生 1% 光吸收或 0.0044 吸光度所对应的元素浓度定义为特征浓度。通过测定某一浓度 C 的标准溶液的吸光度 A,可计算出相应的特征浓度。

⑤ 检出极限。一个有用信号能否被检测出来,同噪声大小有直接关系,噪声大,表明仪器波动范围大,即稳定性差。一台仪器稳定性的好坏,可以用测定同一浓度的标准溶液所得到的标准偏差来衡量,也可用检出极限来表示,它的定义是:在选定的实验条件下,被测元素溶液能给出的测量信号 2 倍于标准偏差 δ 时所对应的浓度,单位是 $\mu g/ml$。

检出极限意味着仪器能检测的元素最低浓度,它比灵敏度有更明确的意义,是原子吸收光谱仪最重要的技术指标,它既反映仪器的质量和稳定性,也反映仪器对某元素在一定条件下的检出能力。

3. 仪器的使用

(1) 打开主机，进入 Spectmeter 中的 Lamp，设定所需用的灯及灯电流，进入 element，选择要分析的元素。

(2) 点灯，进入 System，选择要用火焰还是用石墨炉。

(3) 输入 Calibration 参数。

(4) 如用石墨炉，则需要输入炉程序及自动器参数。

(5) 进入 Sequence 输入程序。

(6) 点火，优化气体流量、撞击球及火焰头位置。

(7) 选择 Analyse 进行分析。

(8) 分析完毕，保存数据并打印结果。

(9) 退出 Windows，关机、关气、关水。

4. 仪器的保养与维护

(1) 开机前，检查各插头是否接触良好，调好狭缝位置，将仪器面板的所有旋钮回零再通电。开机应先开低压，后开高压，关机则相反。

(2) 空心阴极灯需要一定预热时间。灯电流由低到高慢慢升到规定值，防止突然升高，造成阴极溅射。有些低熔点元素灯如 Sn、Pb 等，使用时防止震动，工作后轻轻取下，阴极向上放置，待冷却后再移动装盒。装卸灯要轻拿轻放，窗口如有污物或指印，用擦镜纸轻轻擦拭。空心阴极灯发光颜色不正常，可用灯电流反向器（相当于一个简单的灯电源装置），将灯的正、负相反接，在灯最大电流下点燃 20~30min；或在大电流 100~150mA 下点燃 1~2min，使阴极红热，阴极上的钛丝或钽片是吸气剂，能吸收灯内残留的杂质气体，这样可以恢复灯的性能。闲置不用的空心阴极灯，定期在额定电流下点燃 30min。

(3) 喷雾器的毛细管是用铂-铱合金制成，不要喷高浓度的含氟样液。工作中防止毛细管折弯，如有堵塞，可用细金属丝清除，小心不要损伤毛细管口或内壁。

(4) 日常分析完毕，应在不灭火的情况下用蒸馏水喷雾，对喷雾器、雾化室和燃烧器进行清洗。喷过高浓度酸、碱后，要用水彻底冲洗雾化室，防止腐蚀。吸喷有机溶液后，先喷有机熔剂和丙酮各 5min，再喷 1% 硝酸和蒸馏水各 5min。燃烧器如有盐类结晶，火焰呈锯齿形，可用滤纸或硬纸片轻轻刮去，必要时卸下燃烧器，用 1:1 乙醇-丙酮清洗，用毛刷蘸水刷干净。如有熔珠，可用金相砂纸轻轻打磨，严禁用酸浸泡。

(5) 单色器中的光学元件严禁用手触摸和擅自调节。可用少量气体吹去其表面灰尘，不准用擦镜纸擦拭。防止光栅受潮发霉，要经常更换暗盒内的干燥剂。光电倍增管室需检修时，一定要在关掉负高压的情况下，才能揭开屏蔽罩，防止强光直接照射，引起光电倍增管产生不可逆的"疲劳"效应。

(6) 点火时，先开助燃气，后开燃气，关闭时，先关燃气，后关助燃气。

(7) 使用石墨炉时，样品注入的位置要保持一致，减少误差。工作时，冷却水的压力与惰性气流的流速应稳定。一定要在通有惰性气体的条件下接通电源，否则会烧毁石墨管。

三、检测结果的要求

基体的 TMI（总金属杂质含量）小于 2×10^{-6}。

习　　题

1. 晶体硅硅片主要检测哪些性能参数？
2. 用冷热探笔法测量 P 型半导体时，为什么冷端带正电，热端带负电？
3. 用冷热探笔法测量 N 型半导体时，为什么冷端带负电，热端带正电？
4. 为什么测量型号时，要对单晶的被测表面进行喷砂处理？
5. 为什么用冷热探笔法测量导电类型时，热笔温度不能过高？
6. 电阻率检测的主要方法有哪些？针对的对象有什么区别？
7. 直流四探针法测量电阻率的基本原理是什么？
8. 已知四探针的探针间距为 $S_1=1.002\mathrm{mm}$，$S_2=1.000\mathrm{mm}$，$S_3=1.001\mathrm{mm}$，请计算该探针的探针系数 C。
9. 测量电阻率时，为什么要对样块的测量区域进行喷砂处理？
10. 高频光电导衰退法测量非平衡少数载流子寿命的基本原理是什么？
11. 什么是少子寿命？分析少子寿命在太阳电池起到的作用。
12. 为了准确测量少子寿命应满足哪些条件？
13. 阐述少子寿命测试仪的测试原理。WT2000 型少子寿命测试仪的主要检测功能有哪些？
14. 阐述原子吸收光谱仪的基本原理与作用。
15. 阐述原子吸收光谱仪由哪些部件组成？分析它们各自的结构组成。
16. 阐述原子吸收光谱分析原理。分析原子吸收光谱法检测时存在的优点与不足。
17. 什么是光谱法？它包括的类型有哪些？
18. 原子吸收光谱仪在安装与保养时，它的注意事项有哪些？

任务六　单晶硅定向的检测

【任务目标】

1. 掌握光图定向法的检测原理及操作；
2. 掌握 X 定向法的检测原理及操作；
3. 能正确利用 X 定向法检测晶体偏离角；
4. 了解 X 射线方面的安全防护知识。

【任务描述】

在晶体生长过程中，由于制备工艺上的考虑，往往晶体的生长方向与晶向之间存在一定的偏离角度，这个偏离角度用肉眼是看不出来的，这就需要用仪器（光图定向仪或 X 射线定向仪）来测定这个晶向偏离度；在切籽晶时，要求切出一定晶向偏离度的籽晶，也需要对晶体定向，定向后才按照要求的偏离度来切籽晶；此外，晶体在制造器件或进行外延时，都必须按要求的晶向切成一定厚度的硅片；晶体划片时如果不注意取向问题，任意划成矩形的方块，那么晶体的碎片率必定比较高，这就影响器件的成本。本任务介绍常用的光图定向法、X 射线衍射法进行定向检测及分析。

【任务实施】

子任务一　光图定向的检测

用直拉法或区熔法制备的硅单晶都是沿一定的晶向生长的。一般可以从晶体外观判断晶体生长方向，例如 [111] 晶向生长的硅单晶有 3 条互成 120°的棱线，[100] 晶向生长的硅单晶有 4 条互成 90°的棱线。但是这种判断往往是比较粗略的。在晶体生长过程中，由于制备工艺上的考虑，往往晶体的生长方向与晶向之间存在一定的偏离角度，这个偏离角度用肉眼是看不出来的。这就需要用仪器（光图定向仪或 X 射线定向仪）来测定这个晶向偏离度。此外，在切籽晶时，要求切出一定晶向偏离度的籽晶，也需要对晶体定向，定向后才按照要求的偏离度来切籽晶。另外，晶体在制造器件或进行外延时，都必须按要求的晶向切成一定厚度的硅片，如何保证在切片时得到准确的晶向，也是在生产中要解决的问题。再如，晶体的取向还与划片或分成单个器件小方块时硅片的物理强度有关。晶体划片时如果不注意取向问题，任意划成矩形的方块，那么晶体的碎片率必定比较高，这就影响器件的成本。为了提高生产率（减少碎片），需要确定硅片最佳划片方向，这就要求在切片之前通过定向在晶体上磨制出一个参考面，依据这个参考面就可以按照最佳方向划片。

一、光图定向的基本原理

硅单晶面经过研磨、择优腐蚀等一系列恰当的处理后，表面出现许许多多的小腐蚀坑。这些小坑坑壁是规则排列的小密排面。不同晶向生长的硅单晶，这些原子密排面有不同的宏观对称性。当一束平行光入射到小坑上时，就会被这些小平面反射到不同的方向上去。如果在反射光路上放置一个光屏，就能在光屏上现出晶体的光象。这种光象具有与腐蚀坑相应的宏观对称性。根据晶体反射光象的对称性以及光图中心的偏离角，可以确定晶体的生长方向和晶体的晶向偏离角度。这就是光图定向的基本原理。

光图定向的准确度较高，设备却很简单。光图定向设备的示意图如图 2.33 所示。一束平行光通过光屏中心的小孔入射到处理好的被测晶体的表面上，光束与样品表面互相垂直，光屏与样品表面平行。入射光束经样品表面反射后，在光屏上形成特征光象。调节样品台的测角装置，使光图中心与小孔重合，根据测角装置上的读数，即可计算出晶体的晶

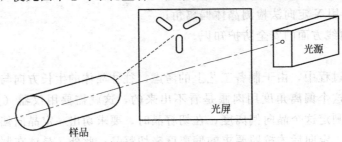

图 2.33　光图定向仪设备原理示意图

向偏离角大小。也可以反过来，使光图按要求偏离一定的方向和大小。在实际应用中，光图定向仪的样品台都是与单晶切割机的机械装置相配合的，这样就可以达到晶体定向切割的目的。

二、晶向与光象的关系

对硅来说，腐蚀坑的坑壁由 {111} 密排面所围成，光图定向时的光瓣是 {111} 面的反射光束。晶向与光象的关系取决于 {111} 面沿晶体一定方向的空间分布。根据晶体的极射赤面投影原理，{111} 晶面的反射光瓣的方位和对称性完全应该与极射赤面投影图上 {111} 晶面的投影点的方位和对称性相一致。这样便可以利用晶体不同晶向的极射赤面投影，来判断相应晶向的腐蚀坑所应该具有的光图的对称性。

1. [111] 晶向生长的硅单晶

(111) 面的光象和腐蚀坑形状可以在 (111) 晶面的极射赤面投影图上表示出来。光瓣的方位与 ($\bar{1}$11)、(1$\bar{1}$1)、(11$\bar{1}$) 晶面的极射赤面投影的方位是完全一致的，如图 2.34 (a) 所示。这是因为反射光束的方位与晶面的法线方位在极射赤面投影图中是一致的。此外还可注意到，晶体两端的光瓣方位是不同的。朝籽晶端 [即 ($\bar{1}$ $\bar{1}$ $\bar{1}$) 晶面] 光瓣背向晶棱，朝尾端 [即 (1 1 1) 晶面] 光瓣指向晶棱。晶棱的位置与 [$\bar{1}$11]、[1$\bar{1}$1]、[11$\bar{1}$] 的晶向一致。

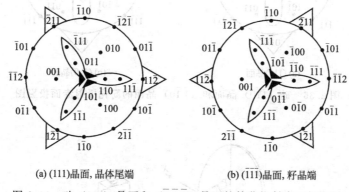

(a) (111)晶面，晶体尾端   (b) ($\bar{1}$$\bar{1}$$\bar{1}$)晶面，籽晶端

图 2.34 硅 (111) 晶面和 ($\bar{1}$ $\bar{1}$ $\bar{1}$) 晶面的简化极射赤面投影图

2. [100] 晶向生长的硅单晶

(100) 晶面的光象、腐蚀坑形状和晶棱位置可以在 (100) 晶面的极射赤面投影图上表示出来。图 2.35 所示为 (100) 和 ($\bar{1}$00) 晶面的极射赤面投影图。

[100] 方向生长的单晶，朝籽晶端 [即 ($\bar{1}$00) 晶面] 和朝尾端 [即 (100) 晶面] 两者的光像图中光瓣的方位与单晶外观四条棱线的位置是一致的。但是解理坑的 4 个角的方位与棱线的方位是错开的，相互成 45°角。

3. (110) 晶面的光象

(110) 晶面的光象、腐蚀坑形状和晶棱的位置可以在 (110) 晶面的极射赤面投影图上表示出来，如图 2.36 所示。由图可以看出，光瓣的位置与晶棱的位置是一致的。

三、晶向偏离度 ϕ 的计算

晶向偏离度就是指晶体生长方向偏离晶轴（晶向）的角度。但测定的偏离角实质上是晶轴与被测样品表面的法线间的夹角。被测样品表面的法线可使样品表面的反射光点落在

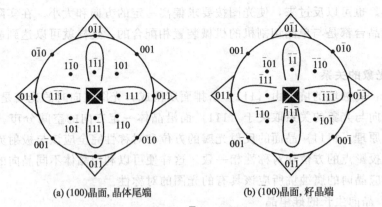

(a) (100)晶面,晶体尾端 (b) (100)晶面,籽晶端

图 2.35 硅(100)晶面和($\bar{1}$00)晶面的极射赤面投影图

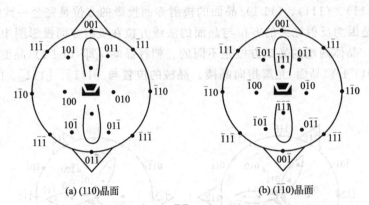

(a) (110)晶面 (b) ($\bar{1}$10)晶面

图 2.36 硅 (110) 晶面和 ($\bar{1}$ $\bar{1}$0) 晶面的简化极射赤面投影图

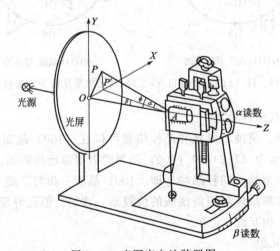

图 2.37 光图定向法装置图

入射光孔来确定。这时入射光与样品表面垂直,晶体的轴可由腐蚀坑底的晶面的反射光点来确定。从上述解理坑模型的分析可知,在光屏上看到的反射图像的中心光点是从腐蚀坑底反射来的。由于这些底部小平面是与晶体的晶轴相垂直的主晶面,所以当反射光象中心调准到入射光孔时,就说明了该晶面与入射光束垂直。

假定晶体已装在图 2.37 所示的光点定向仪上,入射光通过光屏中心孔 O 射到样品表面,入射光束为 OZ(在定向之前,设备需进行调试,即在载物台的前端加一反射镜,调整到反射光束也通过光屏中心孔 O),入射线 OZ 射到样品腐蚀面后,就被腐蚀坑坑底的主晶面所反射,反射线的中心光点就落在光屏面(XOY 平面)上 P 点,AP 是主晶面的反射线。由此可以定得 AP 是样品晶轴的方向,AP 与 OZ 的夹角为 ϕ。

由 P 点作 OX 轴的垂直线得 P' 点。$\angle OAP' = \beta$ 是晶轴与入射光束在水平方向上的偏离角。$\angle P'AP = \alpha$ 是晶轴与入射光束在垂直方向的偏离角。

由 $\triangle APP'$ 得知

$$\cos\alpha = \frac{AP'}{AP}$$

由 $\triangle AP'O$ 得知

$$\cos\beta = \frac{AO}{AP'}$$

由 $\triangle AOP$ 得知

$$\cos\phi = \frac{AO}{AP}$$

$$\cos\alpha\cos\beta = \frac{AP'}{AP} \times \frac{AO}{AP'} = \frac{AO}{AP}$$

由此得到

$$\cos\phi = \cos\alpha\cos\beta$$

四、硅单晶光点定向测试作业指导

1. 方法原理

光图定向原理。

2. 仪器设备

(1) 光点定向仪;
(2) 光源;
(3) 光屏。

3. 操作步骤

(1) 晶向测定

根据上述原理测定晶向,操作步骤如下。

① 样品制备 用金刚砂研磨样品表面使其平整,最后将样品进行腐蚀。

对 <111> 晶向的单晶,用 5%~10% 的 NaOH 水溶液(质量比)煮沸 5~6min,到反射光图清楚为止。对 <100> 晶向的单晶,用 25%~50% NaOH 水溶液(质量比)煮沸 2~3min,到反射光图清楚为止。

<111> 晶向生长的晶体腐蚀面呈许多三角形坑,这些坑的顶角与晶体外观棱线位置一致。<100> 晶向生长的晶体腐蚀面呈现很多嵌有黑边的四方形小坑,这些小坑的 4 个

角与晶体的 4 条晶棱相应错开 45°角。

② 晶向显示　通过屏幕中心的小孔用准直光源照射腐蚀面,可以观察到不同晶向生长的单晶的光象。这里要注意的一个问题是应区分晶体的籽晶端和尾端。对<111>晶向,尾端光瓣的方位与晶棱一致,籽晶端光瓣的方位与晶棱方位错开 60°角。

(2) 晶向偏离度的测定

① 首先使光源的入射平行光束与光屏和样品载物台前端面垂直。为此,将一平面反射镜紧贴在载物台的前端面,调节样品支架(即测角器),使平面镜的反射光点与入射光孔重合,此时载物台端面即与入射平行光束垂直,记下角坐标。

② 旋转样品架上的水平、垂直两个方向转轴,使样品绕 X' 轴(调节 α 角)和 Y' 轴(调 β 角)旋转,直到反射光象中心点对准光屏中心孔,记下角坐标。分别求出两个方向上角坐标之差,即为 α 角和 β 角。

③ 由测得的垂直和水平方向上的偏离角度 α、β 求出晶向偏离角 φ:
$$\cos\varphi = \cos\alpha\cos\beta$$

当晶向偏离角度 φ 小于 5°时,可应用下面近似式,求出晶向偏离角 φ:
$$\varphi^2 = \alpha^2 + \beta^2$$

光点定向法在偏向角不超过 10°时测量精度可达 30′。

④ 将所测得的晶向偏离度数据记录在报告单上。

子任务二　X 射线定向检测

一、X 射线的性质及其产生

1. X 射线的性质

一般 X 射线具有下列性质。

(1) 感光作用

X 射线对照相乳液有感光作用,这种作用和可见光很相似。

(2) 萤光作用

X 射线照射到 ZnS、CdS、NaI 等物质上时,会使这些物质产生萤光。

(3) 电离作用

X 射线通过空气或其他气体时,会使气体分子产生电离。

(4) 穿透作用

X 射线有很强的穿透力。由于这一特点,X 射线在医疗诊断和工业材料探伤等方面得到广泛的应用。

(5) 折射率近似等于 1

X 射线无法像可见光那样用透镜聚光。

(6) 衍射作用

X 射线照射到晶体上,一定条件下会产生衍射现象。

2. X 射线的产生

当任何一种高速运动的带电粒子与一块金属物质相碰撞时,都会产生 X 射线。图 2.38 所示的 X 射线管就是按此原理制成的。从灯丝发射出来的热电子轰击金属靶时,与金属靶原子的内层电子相作用，把它们的能量交给内层电子，使之激发到原子的外层能级上，或者被轰击出整个原子体系之外。此时邻近壳层上的电子将向内层能级跃迁以填充内层能级上空下来的位置，跃迁时电子将放射出等于该两个能级能量之差的能量。这个能量是以光的形式放出的，就是 X 射线。如果采用其他方式使原子的内层电子获得能量而处于激发态，例如采用激光照射、X 射线照射、中子轰击等，也同样可以产生 X 射线。

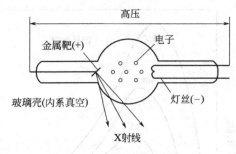

图 2.38　X 射线管工作原理

X 射线管的结构示意图见图 2.39，由玻璃制造的圆柱形管子，管内真空度很高，主要部件有阴极和阳极。

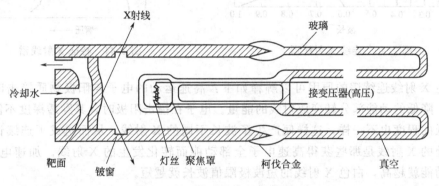

图 2.39　X 射线管的结构示意图

(1) 阴极

阴极即灯丝，通常由钨丝制成。通过电流加热至白热状态。在阴极和阳极之间外加高压电的作用下，由阴极发射出的热电子即向阳极做加速运动。

(2) 阳极

阳极即金属靶，通常简称为靶，为某些金属的磨光面。通常用来制作靶的金属材料有铬、铁、钴、镍、铜、钼、银、钨、铂等。高速运动的电子与靶相撞，运动骤然停止。电子的大部分能量变为热能，一小部分变成 X 射线的能量，由靶面射出。

3. X 射线谱

由普通 X 射线管中发出的 X 射线可以分为两组：一组是具有连续波长的射线，构成连续 X 射谱，这种 X 射线也叫白色 X 射线或多色 X 射线；另外一组是有一定波长的 X 射线，称为特征 X 射线或标识 X 射线，这种特征谱线和阳极材料有关，一定的阳极材料对应一定波长的特征 X 射线。

图 2.40 为在不同的管压下获得典型连续 X 射线谱的示意图。当逐渐增加管压时，曲线的变化规律为：

(1) 各种波长射线的相对强度一致增加；

(2) 最高强度射线的波长向短波方向移动；

(3) 短波极限值的波长向短波方向移动。

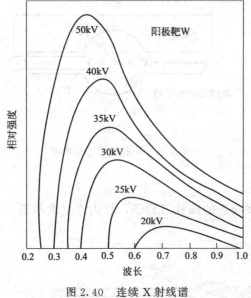
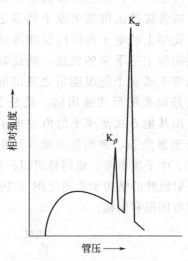

图 2.40　连续 X 射线谱　　　　　　图 2.41　特征 X 射线谱

产生 X 射线连续谱的原因可以解释如下：高速运动的电子与阳极物质撞击时，其动能降低，降低的动能部分转变成射线的能量。电子在撞击阳极时，其穿透深度不同，所以动能降低的程度也不一样，这样便产生了波长不同的 X 射线，从而组成了连续谱。短波极限值处的 X 射线是那些获得高速电子全部动能而转化发生的 X 射线。加速电压越高，电子的动能就越高，白色 X 射线的短波极限值波长就越短。

当管压升高超过一定限度时，除了连续 X 射线谱外，还有少数 X 谱线产生，这些谱线都处于一定的波长位置，构成特征 X 射线谱，图 2.41 图中 K_α 辐射的强度比 K_β 辐射要高出数倍，当管压继续增加时，它们的位置和强度比都不变。这两条谱线统称为 K 系辐射线。K_α 线条可以细分为 $K_{\alpha 1}$ 及 $K_{\alpha 2}$ 两条重线，$K_{\alpha 1}$ 的波长较 $K_{\alpha 2}$ 略短，$K_{\alpha 1}$ 和 $K_{\alpha 2}$ 辐射的强度比约为 2∶1，一般用 $K_{\alpha 1}$ 辐射波长 $\lambda K_{\alpha 1}$ 和 $K_{\alpha 2}$ 辐射波长 $\lambda K_{\alpha 2}$ 的加权平均值 λK_α 来表示 K_α 辐射的波长：

$$\lambda_{k\alpha}=\frac{1}{3}(2\lambda_{k\alpha 1}+\lambda_{k\alpha 2})$$

当用原子序数较高的金属作阳极时，除了 K 系辐射之外，还可以得到 L 系 M 系等的特征 X 射线。在通常的 X 射线衍射工作中，如果需要单色 X 射线，一般采用某种金属的 K_α 辐射来进行。

产生特征 X 射线的原因可以解释如下。从阴极发出的高速热电子流轰击阳极时，将阳极物质原子深层的某些电子轰出到外部壳层，这时原子就处于不稳定状态，这样，外层的电子又会跃迁到内部填补空位，使原子的总能量降低，多余的能量就以一定波长的 X 射线发射出去，形成特征 X 射线。图 2.41 为产生特征 X 射线的示意图。把 K 层电子被击出到外层的激发称为 K 系激发，把电子由原子外层跃迁回此时空着的 K 壳层时产生的 X 射线称为 K 系辐射。在 K 系辐射中，电子由 L 壳层转移到 K 壳层的辐射称为 K_α 辐射，由 M 层转移到 K 壳层的辐射称为 K_β 辐射。由于 M 壳层的能量较 L 壳层高，产生 K_β 辐射时原子能量降低较多,所以 K_β 辐射的波长比 K_α 短,但是电子由 M 壳层跃迁到 K 壳层的概率比由 L 壳层跃迁到 K 壳层的概率小,因此 K_β 辐射的强度比 K_α 小。在不同的原子中,能级的位置是不相同的,所以 K_α 和 K_β 的波长视阳极材料而定。而对一定的阳极材料,其波长的位置是固定不变的。一般说来,$K_{\alpha 1}$、$K_{\alpha 2}$、K_β 辐射的强度比接近于 1∶0.5∶0.2。表 2.5 列出了常用的阳极靶材料铜、钼、钴的 $K_{\alpha 1}$、$K_{\alpha 2}$、K_β 的波长。在单色 X 射线分析中常用 K_α 辐射,需要薄滤光片把 K_β 辐射滤掉,否则由于 K_α 和 K_β 都被衍射时,将引起衍射混乱,从而得到错误的结果。一般选用比阳极材料原子序数小 1 或 2 的材料作滤光片,例如铜靶(原子序数 29)的滤光片采用镍(原子序数 28),钼靶(原子序数 42)的滤光片采用铌(原子序数 41)或锆(原子序数 40),钴靶(原子序数 27)的滤光片采用铁(原子序数 26)等。

表 2.5 阳极靶的特征 X 射线波长 (Å)

射线		铜	钼	钴
K_α	$K_{\alpha 1} K_{\alpha 2}$	1.54051	0.70926	1.78892
		1.54433	0.71354	1.79278
K_β		1.39217	0.63225	1.62075

4. X 射线的衍射

X 射线与物质相遇时将会受到散射,散射可以分为相干散射和不相干散射两种。如果散射之后的 X 射线的波长和入射时相同,则这些散射线之间可以产生相互干涉而加强,称为相干散射。否则为不相干散射。相干散射是 X 射线在晶体中产生衍射现象的基础。从晶体中出来的衍射线束是相干散射的一种特例。下面讨论 X 射线照射到晶体上时的衍射作用。

若让一束连续波长的 X 射线照射到一小片晶体上,(如图 2.42),则在图上的照相底片上除了透射光束形成的中心斑点之外,还出现其他许多斑点,这些斑点表明有偏离原入射方向的 X 射线存在。这种遇到晶体之后 X 射线改变其前进方向的现象,就是 X 射线的衍射现象。把偏离原入射方向的 X 射线束称为衍射线。

X 射线的衍射和可见光的反射有以下不同之处。

(1) 在 X 射线的衍射中,仅有一定数量的入射角能引起衍射,而可见光可在任意的入射角反射。

(2) X 射线被晶体的原子平面衍射时,不仅晶体表面,而且晶体内原子平面也参与衍射作用,而可见光仅在物体表面产生反射。

5. X 射线的检查

利用 X 射线本身的性质,能够检查 X 射线。

(1) 荧光作用

X 射线穿过某种荧光物质时,能量被吸收并产生波长较长的可见光。利用这一性质可以检查 X 射线。所产生的荧光通常为耀目的黄色、绿色或蓝色。最常用的荧光物质为硫化锌或硫化

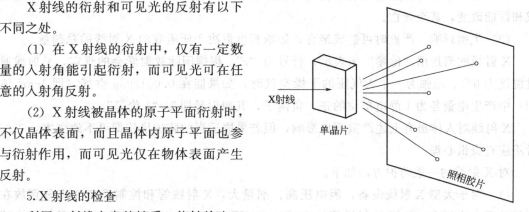

图 2.42 X 射线的衍射现象

锌镉，并在其中加入镍以防止余辉。将荧光物质涂在硬纸板上，当受X射线照射激发时，会产生黄绿色的荧光。同样的材料还有硫镉等。钨酸钙受照射时可以发出紫或近于紫外线的荧光，其他荧光物质应用较少。在X射线衍射工作中常利用荧光屏板来确定X射线束的位置。

(2) 电离作用

利用X射线对空气或其他气体的电离作用，可以检查X射线的存在及其强度。所用的检查仪器为电离室及各种计数管，电离室的灵敏度很低，现在一般已经不用，而计数管被广泛应用。最常用的辐射探测器是盖革-弥勒计数管。其他还有正比计数管以及闪烁计数管等。

盖革-弥勒计数管简称盖革计数管。盖革计数管是一个玻璃管，内装一个金属圆筒作为阴极，在其中心轴线上有一根细钨丝作为阳极，管内充惰性气体，如氩气或氙气、氖气等，以及少量的有机气体或卤素气体，如乙醇、乙醚、溴等。在两极之间加以适当的直流电压。当一个入射X射线光量子射入管内时，它将与管内气体分子相碰撞并使之电离，所产生的电子在管内高压电场的作用下加速向阳极方向运动，当获得一定的速度时又将使管中气体分子电离，形成连锁反应，在极短的时间内有大量的电子涌向阳极，离子则趋向阴极圆筒。这样便在外部电路中产生一个脉冲电压，记录这种脉冲发生的次数，就能知道进入管内光子的数目是多少，从而知道入射X射线的强度的大小。

正比计数管的构造和盖革计数管很相似，但加在两极之间的直流电压较低。在这种装置中，产生的脉冲电压的大小与入射X射线光量子的能量成正比例关系，这就是正比计数管得名的来由。

二、X射线的防护

X射线对人体的作用，视被人体组织所吸收的X射线强度及X射线波长和直接受辐射的人体部位等而定。一般的作用如下。

(1) 局部组织受到高强度的X射线照射时，会被X射线灼伤甚至坏死。

(2) 全身影响 发生射线病，使人的精神衰颓，产生头晕、毛发脱落现象，血液的组成和性能改变，甚至死亡。

(3) 生殖影响 严重时可造成绝育，影响程度取决于所吸收的X射线的总剂量。

X射线的剂量用"伦琴"来表示，符号为"r"。根据国际放射学会的规定，X射线通过温度为0℃、压强为一个大气压的干燥空气时，如果能在0.001293g空气（即$1cm^3$体积）中产生电量各为1静电单位的正、负离子，其照射量即为"1伦琴"。

X射线对人体虽有上述严重不良影响，但若采取适当的防护措施即可不致受害，工作者不应有畏惧心理。

对X射线的一般防护方法如下。

(1) 对于大型X射线设备，因电压高，剂量大，X射线管和控制设备应当分别放在相邻的两个房间内，放置X射线管的房间的室壁及天花板、地板等都要用厚混凝土或镶铅的板制成，门窗也要能防止X射线透过，当开门时X射线机能自动关闭。

(2) 衍射工作用的X射线设备一般电压不超过60kV，其管子本身就可以防止X射线透过。照相机应紧靠管壁，对准窗口，在必要时要附加防止X射线散射的部件。不用的窗口要用厚度在1mm以上的铅板覆盖，机器附近可以用铅屏遮挡。工作人员应注意不要让手或身体的其他部位暴露在 X 射线束中,对光时特别要注意防止 X 射线射入眼睛,必要时可以采用铅玻璃保护。

(3) X 射线室的工作人员最好随身携带小块照相底片,用不透光的黑纸包好,外插一个回形针。经过一星期的时间,即可将底片冲洗出来。如在底片上没有回形针的阴影,一般即没有影响到人身的安全问题。如有专用来检查 X 射线照射剂量的笔状剂量仪,工作人员应经常佩戴在身上,以随时检查所感受的剂量。此外,还应当定期检查身体和验血。

除了 X 射线的防护外,还应当注意臭氧及氮的氧化物的防护。这些气体是由于高压设备或 X 射线电离作用产生的。室内必须通风良好以减少这些气体在空气中的含量。另外还需注意高压电的安全防护。

三、单色 X 射线衍射法定向

如果用一单色 X 射线入射到一块晶体上,要使其能在某晶面产生衍射,则晶体的位置必须能够连续改变才行,从而使得该晶面的放置位置相对于入射 X 射线来说满足布喇格方程。对不同结构的晶体和不同的晶面其衍射线出现的方位不同,根据衍射线的方位就能确定晶体的取向。在实际应用中往往只需在晶体中找出某一确定的晶面,因此用单色 X 射线在所要求的晶面上产生衍射,就足以确定该晶面的位置,而不必使其他晶面同时也产生衍射。

单色 X 射线衍射法定向,要用 X 射线衍射仪器。一般按 X 射线衍射原理设计的仪器都可用来进行晶体定向,如 X 射线形貌相机、双晶分光计等。由于这些仪器的主要用途各不相同,故它们所能达到的定向准确度也不一样。生产上常用专门用来定向的 X 射线定向仪来精确地测定各种半导体晶体的晶向。

一台 X 射线定向仪主要由以下几个部分组成。

(1) X 射线发生部分

包括直流高压线路和 X 射线管。直流高压电通过高压电缆加到 X 射线管的阳极和阴极之间,X 射线从 X 射线管的窗口射出。X 射线管的阳极为铜靶。

(2) X 射线检测部分

它由一个盖革记数管和一个计数时率计组成。当衍射 X 射线进入盖革计数管时,盖革计数管将输出脉冲信号,此信号被计数时率计内的放大器放大后转换成为表针的摆动。进入计数管的衍射 X 射线越强,表针的摆动也越大,因此可根据表针的摆动来监视衍射 X 射线的强度。

(3) 样品台及转角测量部分

样品台装置在 X 射线定向仪的主轴上,样品台上有吸盘,吸盘同吸气泵相连。测量时,被测样品表面要紧贴在吸盘上,这时,吸盘面的方位就是被测样品表面的方位,而吸盘表面的方位可以由样品台的转角测量部分读出。转角测量部分通过一系列机械装置将转动手轮的转动转变成为仪器主轴的转动。在转动手轮轴上装有读数鼓轮,从它上面可以读出主轴的转角度数。

四、硅单晶 X 光衍射定向作业指导

1. 对晶体的要求

(1) 在进行晶体定向之前,首先应该确定被测晶体是否是单晶。

（2）用X射线衍射法测定晶向时，不能确定任意方位的晶体取向。被测晶体的大致晶向必须事先已知，而且被测晶体表面和晶面之间的偏离角不能太大。因此，进行定向之前，必须先判断定向面的大致取向。一般被测晶体的大致取向在定向之前都是已知的。对于未知晶向的样品，一般可以从晶体的生长棱线、位错腐蚀坑形状等宏观特点来判断。在无法事先判断大致晶向时，由于实际的半导体单晶样品往往都是低指数晶面，可以先假定一个，逐一试验，直到找出正确的晶面为止。还可用光图定向法来确定其晶向。

（3）把被测样品放置在样品台上，使被测表面紧贴在吸盘面上。如果是片状样品，可以方便地用吸气泵将样品吸牢在吸盘上。

（4）在样品上标记方位。

2. 仪器设备

YX-100型X射线定向仪。

3. 操作步骤

（1）每次使用前，先开机预热5～10min，把计数管放置在2θ的位置上。

（2）开启X光电源，打开X光高压开关，调节X光管管流打开X光窗口，用荧光板在X光光路上检查有无X光射出。

（3）打开气阀，吸上标准石英，拉开X光挡板，适当调整计数率旋钮，摇动手轮找到峰值（当峰值时，微安表有反应）。

（4）操作转动手轮，使定向仪的主轴转动。当计数管的衍射强度指示达到极大值时，记下转角，求得水平偏离角为$\alpha_1 = \delta_1 - \theta$，如图2.43所示。将样品方位转动180°，重复上面的操作步骤，求得水平偏离角$\alpha_2 = \delta_2 - \theta$。取两次测量的平均值作为水平偏离角$\alpha$：

$$\alpha = \frac{1}{2}(\alpha_1 + \alpha_2)$$

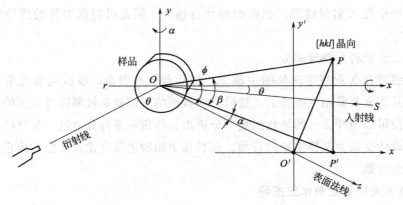

图2.43 X射线定向时的几何关系

(5) 将样品方位转动 90°。重复上一步骤中的操作，测得两个垂直偏离角 $\beta_1 = \delta'_1 - \theta$ 和 $\beta_2 = \delta'_2 - \theta$。取 β_1 和 β_2 的平均值作为垂直偏离角 β：

$$\beta = \frac{1}{2}(\beta_1 + \beta_2)$$

(6) 求出水平偏离角 α 和垂直偏离角 β 后，即可按下式计算出被测面与晶面的偏离角 ϕ：

$$\cos\phi = \cos\alpha\cos\beta$$

当 $\phi < 5°$ 时，

$$\phi^2 = \alpha^2 + \beta^2$$

在现在的各种定向方法中，单色 X 射线衍射法的精确度最高，可以达到 ±15′，精度受到以下三方面因素的影响：

① X 射线束的发散性；
② X 射线束的准直性；
③ 转角鼓轮读数轮刻度的精度。

(7) 测量完毕关上 X 光窗口，X 光管管流调到零，关掉高压，关掉总电源。

【知识拓展】 晶体取向的表示方法

一、 晶面和晶面指数

在晶体学上，选取与宏观晶体有着同样对称性的平行六面体来作为晶胞，它构成晶体的最小单元，如图 2.44 所示。在晶胞上，选取相交于一点的 3 条棱线作为晶轴，分别用 X、Y、Z 表示，3 条晶轴的交点为晶轴的原点 O。沿 X、Y、Z 轴方向上的单位矢量分别用 a、b、c 来表示；3 个晶轴间的夹角为 α、β、γ；单位矢量 a、b、c 的长度用 a、b、c 表示，它通常被称为点阵常数或晶格常数。晶轴方向的正和负是这样规定

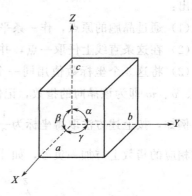

图 2.44　晶胞

的：在原点 O 的前方、右方、上方为正，与之相反的方向则为负。3 条晶轴的顺序按右手螺旋定则来确定。

根据晶胞的 6 个参数，可将晶体分为 7 个晶系。

立方（或等轴）晶系：$a = b = c$，$\alpha = \beta = \gamma = 90°$，晶胞体积 $v = a^3$。

在晶体中通过若干结点（结点为原子，分子或原子团等所处的位置）可构成一个平面，该平面和 X、Y、Z 轴分别相交于 A、B、C 3 点，这样的平面称为晶面，或称为点阵平面，如图 2.45 所示。如果每一个结点都是一个原子，则这个平面称为原子平面。一个晶面通常可以用一种晶面指数来表示，晶面指数又称为密勒指数，其决定方法如下。

(1) 写出该晶面与 X、Y、Z 轴相交的长度，用单位矢量长度 a、b、c 的倍数 r、s、

t 表示，然后取其倒数 $\frac{1}{r}$、$\frac{1}{s}$、$\frac{1}{t}$。在图 2.51 中，ABC 面的 $\frac{1}{r}$、$\frac{1}{s}$、$\frac{1}{t}$ 分别为 $\frac{1}{2}$、$\frac{1}{2}$、$\frac{1}{3}$。

（2）将上述 3 个分数通分，取各分数分母的最小公倍数为分母。在 ABC 晶面为 $\frac{3}{6}$、$\frac{3}{6}$、$\frac{2}{6}$。

（3）取通分后 3 个分数的分子作该晶面的指数。这样，ABC 面的指数就是（332）。如果这 3 个数字有公约数时，根据晶体学的要求，应除以最大公约数。例如，当用上述方法求出晶面指数为（664）时，则应化为（332）。当泛指某一晶面的指数时，一般用 h、k、l 字母来代表。

当晶面与某个晶轴平行时，则可以认为该晶面与该晶轴在无穷远处相交，而无穷大的倒数为 0，所以相应于这个轴的指数为 0。例如与 Y 轴平行但与 X 轴和 Z 轴都相交于一个单位长度处的密勒指数为（101）；和 X 轴、Y 轴都平行但与 Z 轴相交在一个单位长度处的晶面的密勒指数为（001）。

如晶面与某一晶轴在其负方向相交，则于相应的指数上方加一负号表示，如（$22\bar{3}$）等。点阵中平行于 h、k、l 的一族等同晶面，用（hkl）表示之。

在晶体点阵中任何一条穿过许多结点的直线的方向称为晶向，其指数可以用下面的方法求出：

（1）通过晶胞的原点，作一条平行于该晶向的直线；

（2）在这条直线上任取一点，并求出它在 X、Y、Z 轴上的 3 个坐标；

（3）将这 3 个坐标数值用同一个数相乘或相除，使得它们变成最小的整数比 uvw，则 u、v、w 即为该晶向的指数，记作 [uvw]。

例如，按上述方法取得坐标为 $\frac{1}{3}$、$\frac{1}{2}$、$\frac{1}{4}$，则晶向指数为 [463]。如果坐标是负数，则在相应的指数上方加一负号，如 [$\bar{4}63$] 等。

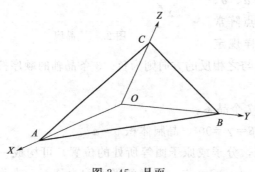

图 2.45 晶面

图 2.46 表示立方晶体中的几个主要晶面及晶向。由于晶胞参数的关系，在立方晶体中，某一晶面（hkl）和相应指数 [uvw] 的晶向是互相垂直的，例如 [100] 晶向垂直于（100）晶面，[111] 晶向垂直于（111）晶面。但在其他晶系的晶体中，这种关系不一定存在。

符号 {hkl} 表示所有的等效晶面族。在同一晶体中，如果有若干晶面系可以通过对称的操作而等同起来，则它们是等效晶面族。为了要知道在某种形式下有多少等效晶面，就必须要知道晶体的对称性。例如：

{100} 立方晶系＝（100）（010）（001）（$\bar{1}$00）（0$\bar{1}$0）（00$\bar{1}$）。

具有同一种形式的所有晶面称为晶体学等效面，它们具有相同的物理性质（极性半导体晶体除外）。实际上，通过坐标的转动，可把原来坐标中的（100）晶面变成新坐标中的（00$\bar{1}$）晶面。

符号＜hkl＞和［hkl］也有类似的关系，它表示满足晶体对称性要求的所有等效晶向。例如：

＜111＞立方晶系＝［111］、[11$\bar{1}$]、[1$\bar{1}$1]、[1$\bar{1}\bar{1}$]、[$\bar{1}$ 11]、[$\bar{1}$11]、[$\bar{1}$ $\bar{1}$ 1]、[$\bar{1}$ $\bar{1}$ $\bar{1}$]。

晶体中最邻近的两个平行晶面间的距离称为晶面间距，晶面指数最低的晶面总是具有最大的晶面间距。所以，在与点阵常数 a、b、c 相近的一些晶面中，属（100）（010）和（001）这类晶面的晶面间距最大，其值分别等于 a、b、c。图 2.47 表示正交晶体平行 Z 轴的几个晶面的晶面间距的情况。从图中可以看出，（100）晶面的晶面间距为 a，（010）晶面的晶面间距为 b。

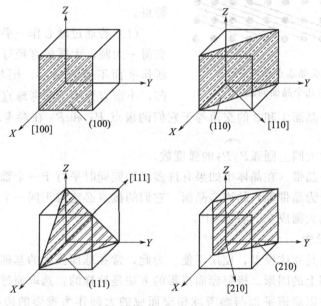

图 2.46　立方晶体中几个晶面和晶向的关系

晶体的晶面间距通常用字母 d 表示。立方晶系的晶面间距可通过矢量运算求出，其结果如下：

$$\frac{1}{d^2}=\frac{h^2+k^2+l^2}{a^2}$$

晶体中各晶面族之间的夹角也有相应的计算公式。设 H、K、L 为一族面的 3 个晶面指数，h、k、l 为另一族晶面的 3 个晶面指数。因为在同一种晶体中，{HKL} 和 {hkl} 都可以有几个等效晶面，所以，同样符号的 {HKL} 和 {hkl} 晶面间的夹角可以有好几种。$\{HKL\}$ 和 $\{hkl\}$ 之间的夹角 δ 可以利用下列公式计算。

立方晶系 $$\cos\delta = \frac{Hh+Kk+Ll}{\sqrt{H^2+K^2+L^2}\times\sqrt{h^2+k^2+l^2}}$$

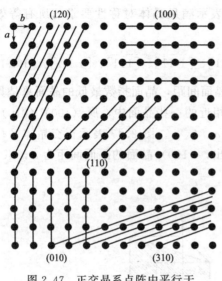

图 2.47 正交晶系点阵中平行于 Z 轴的几个晶面间距

二、晶面的投影表示

1. 球面投影

图 2.48 表示放置在一个参考球中心的立方晶体晶面模型。对晶体的每个晶面作法线并和球体表面相交于一点，这些交点都称为"极点"。所有极点的集合称为晶体的球面投影。在球面投影上，球面上的每一个极点都对应于立方晶体的某个晶面，从而建立起晶面与极点之间的一一对应关系。球面投影具有下列特点。

(1) 若通过球心作一平面，将与参考球相交得一大圆，大圆的直径等于参考球直径。若所作平面不通过球心，则与参考球相交于小圆，小圆直径小于参考球直径。

(2) 任何两个晶面 1 和 2 的交角等于它们的极点 P_1 和 P_2 在参考球上的角距离，即在通过此两极点的大圆上圆弧 $\overset{\frown}{P_1P_2}$ 的弧度数。

(3) 属于同一晶带（在晶体中如果有许多晶面族同时平行于一个轴向时，则前者总称为一个晶带，后者为晶带轴）的许多晶面，它们的极点必定位于同一个大圆上，而晶带轴的投影点则在与此大圆成 90°角的点上。

2. 极射赤面投影

球面投影仍然是立体模型，使用不便。为此，常在球面投影的基础上再用极射赤面投影将它转化为平面上的图形。极射赤面投影的方法是这样的：选取通过参考球中心的赤道平面为投影面，并以赤道平面与参考球相交而成的大圆作为投影的边界。这个圆称为基圆。选取参考球的北极或南极作为投影点，对参考球下半球上的极点以北极为投射点，对参考球上半球上的极点则以南极为投射点。假定某晶面 (hkl)，其球面投影的极点在参考球上半球的 B_1' 点。连接南极 S 与 B_1' 点，设与赤道平面相交于基圆内的 B_1 点，如图 2.49 所示。这个 B_1 点就是 (hkl) 晶面的极射赤面投影点。相似地可以作出其他各个晶面的极射赤面投影点 B_2、$_3$ 等，这样就得到整个晶体的极射赤面投影。

极射赤面投影有下列若干特点。

(1) 参考球上大圆的极射赤面投影为大圆弧，它以基圆直径的两个端点为起始点与终止点。如果参考球上的大圆通过南北极，则它的极射赤面投影为基圆上的一条直径。

(2) 如果赤道平面正好代表了晶体的对称平面，则赤道平面上两部分的球面投影完全

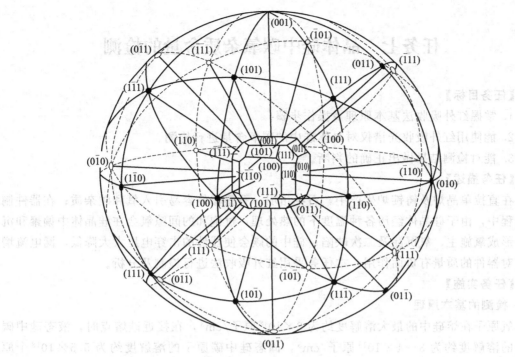

图 2.48 晶体的球面投影

对称，其极射赤面投影也完全相同。因此，在实际上只要以南极为投射点，作出上半球极点的极射赤面投影就可以代表晶体中的所有晶面。

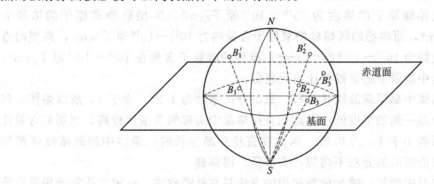

图 2.49 由球面投影得到极射赤面投影

习 题

1. 在立方晶系中，一个晶面的晶面指数是如何决定的？
2. 光图定向的基本原理是什么？
3. 晶向偏离角 ϕ 是如何计算的？
4. X 射线是怎样产生的？
5. X 射线衍射与光反射有何区别？
6. 使用 X 射线定向仪应注意哪些事项？

任务七　晶体硅中碳氧杂质含量的检测

【任务目标】
1. 掌握红外吸收法基本原理及操作步骤。
2. 能使用红外吸收光谱仪对晶体硅中的碳氧含量进行检测。
3. 能对检测结果做出正确的判断。

【任务描述】
在直拉单晶炉及铸锭炉生产中，石英坩埚、石墨器件容易引入氧和碳杂质；在器件制造过程中，由于硅晶体经历各种温度下的热处理，过饱和的间隙氧会在硅晶体中偏聚和沉淀，形成氧施主、氧沉淀及二次缺陷；硅中的碳会使器件的击穿电压大大降低，漏电流增加，对器件的质量有负面作用。本任务采用红外吸收法进行检测及分析。

【任务实施】

一、检测的基本原理

氧原子在熔硅中的最大溶解度约为 3×10^{18} 原子$/cm^3$，在接近硅熔点时，液态硅中碳原子的溶解度约为 $3\sim4\times10^{18}$ 原子$/cm^3$，固态硅中碳原子的溶解度约为 5.5×10^{18} 个原子$/cm^3$。氧和碳是硅中最多最主要的杂质。在硅单晶中，除了氧和碳，以及有意掺入的掺杂杂质外，其他所有杂质原子的含量都在 10^{12} 原子$/cm^3$ 左右及以下，几乎全部都在活化分析的检测限以下。一般硅单晶中掺杂杂质的浓度与氧、碳相比也是较低的。例如对于电路级单晶，P型硅掺硼原子的浓度为 $10^{15}\sim10^{16}$ 原子$/cm^3$，N型硅掺磷原子的浓度为 $10^{14}\sim10^{15}$ 原子$/cm^3$，而典型的区熔硅的氧原子含量约为 $10^{15}\sim10^{16}$ 原子$/cm^3$，典型的直拉硅的氧原子含量约为 $10^{17}\sim10^{18}$ 原子$/cm^3$；典型的碳原子含量在 $10^{16}\sim10^{17}$ 原子$/cm^3$，一般来说，区熔硅中碳原子的含量要比直拉硅低。

氧和碳在硅晶体中都呈螺旋纹状分布。氧的分凝系数为1.25，大于1，所以熔体一侧的氧浓度比固态单晶一侧的浓度低，因此在直拉单晶中头部氧含量比较高，尾部氧含量比较低。碳的分凝系数小于1，为0.07，因此在直拉单晶生长时，熔体中的碳浓度逐渐增加。在晶体中，碳沿轴向的分布不均匀，头部低，尾部高。

目前测定硅单晶中的氧、碳含量最常用的方法是红外吸收法。这种方法需选用具有能满足氧、碳测定波长范围的红外分光光度计。本方法除制备样品较复杂外，测试和计算都是比较方便的。现在红外吸收法已成为测量硅单晶中氧、碳含量的标准方法。用红外吸收法测氧、碳含量时，所测得的氧、碳含量不是硅单晶中的总氧和总碳含量。对氧来说，测得的是晶格中的间隙氧，对于碳来说，则是晶格中的替位碳。

红外吸收法测定硅单晶中氧原子含量的有效范围是 $2.5\times10^{15}\sim3.0\times10^{18}$ 原子$/cm^3$，测定碳的有效范围是 $5\times10^{15}\sim3\times10^{18}$ 原子$/cm^3$。

红外吸收法检测基本原理：当一束红外光照射分子时，分子中某个振动频率与红外光的某一频率的光相同时，分子就吸收此频率的光发生振动能级的跃迁，产生红外吸收光谱。在硅材料中，非线性的"Si—O—Si"这样的"分子"模型吸收红外光的能量后，围绕平衡位置振动。

硅中孤立、分散的氧形成电中性的缺陷中心，它们在晶格中处于间隙状态。每个氧原子把两个硅原子之间的键断开，组成非线性的"Si—O—Si"这样的"分子"模型。硅、氧原子各自束缚在其平衡位置上，围绕平衡位置振动。这种 Si—O—Si 非线性分子的晶格振动有 3 个独立的简振模式，如图 2.50 所示。

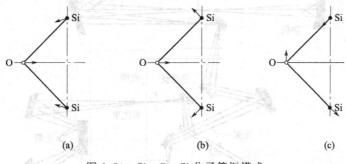

图 2.50　Si—O—Si 分子简振模式

当氧原子向<111>轴运动时，硅原子向氧原子运动，叫做硅氧键的对称伸张振动，对应的振动频率为 $1205cm^{-1}$；当氧原子向<111>轴运动时，硅原子移离赤道面，称为硅氧键的弯曲振动；振动时，只改变键角，不改变键长。对应的振动频率为 $515cm^{-1}$；当氧原子垂直于赤道面振动时，硅原子沿硅氧键的方向运动，称为硅氧键的反对称伸张振动，对应的振动频率为 $1105cm^{-1}$。这三种简振的频率都在红外光的范围内，在硅单晶红外吸收光谱上，各自对应于一个吸收带，其中 $1105.0cm^{-1}$（波长 $\lambda=9.0498\mu m$）吸收峰最强，$515cm^{-1}$（波长 $\lambda=19.4\mu m$）吸收峰强度仅为 $1105cm^{-1}$ 吸收峰的十分之一左右。$1205.0cm^{-1}$（波长 $\lambda=8.3\mu m$）更弱，在常温时不出现，低温下其强度仅为 $1105.0cm^{-1}$ 吸收峰的二十分之一左右。

碳在硅晶格中以替位式出现，其红外吸收峰有两个，其振动频率分别为 $607.2cm^{-1}$（波长 $\lambda=16.47\mu m$）和 $1217cm^{-1}$（波长 $\lambda=8.2\mu m$）。$1217cm^{-1}$ 吸收峰仅在低温下出现，强度仅为 $607.2cm^{-1}$ 吸收峰的五十分之一左右。

二、检测的工艺和方法

如图 2.51 所示，由光源发出的辐射分为强度相等的两束光。一束光穿过样品时受到样品的吸收，吸收强度与不同频率处的吸收系数有关。另一束称为参比光束。在样品光束中设置了一楔形减光器，通过它在光路中的移进移出来调节光强。在参比光束中也设有一个相似的楔形减光器，由一个伺服电机驱动。这两束光到达一个转速为 11（或 13）周/s 的扇形转镜后，在光路上即合并成同一条光路，形成由样品光束和参比光束交替出现的脉冲光。这一光束通过单色器，被装置在其中的光栅分光、色散开来，光栅旋转时，色散的光谱逐渐扫描通过单色器的出口狭缝。这一狭缝的宽度决定了由单色器出来的波数宽度。减少狭缝宽度可以提高分辨率，但信号强度也随之降低。由狭缝出来的脉冲光经抛物面反射镜聚焦到热偶探测器上。

当这两束光在扇形镜中合并后，便以 11（或 13）Hz 的频率出现交变信号。交变信号由探测器接受，信号的幅值正比于样品和参比光束强度之差。这一"误差"信号经过 11（或 13）Hz 放大器的放大、同步整流、50（或 60）Hz 变频、主放大器放大后，再去驱动参比光束楔形减光器的伺服电机，改变参比光束强度，直到与样品光束相等为止。此时

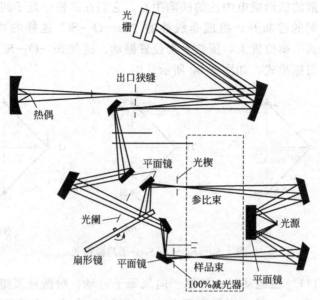

图 2.51 双光束红外分光光度计光路图

"误差"信号减小至零,上述动作停止。记录笔通过机械装置和参比光束楔形减光器联动,记录纸通过机械装置与光栅转动机构联动,记录笔的位移（Y轴）正比于样品的透过率,而记录纸的位移（X轴）对应于相应的波数

三、测准条件分析

1. 半峰宽对测量的影响

测氧时应保证半峰宽为 $32cm^{-1}$，测碳时为 $6cm^{-1}$，否则测量结果将有误差。一般情况下，Δv 偏大，测量值偏小，Δv 偏差越多，误差越大。单晶中氧、碳含量比较低时空气参考法的半峰宽很宽，即使通过仪器的增益与狭缝来调整也难达到要求的半峰宽。采用差别法可以获得较窄的半峰宽。

2. 样品表面情况的影响

要求样品表面为光学平面，一般说来，表面质量越好，透射率越高，光谱质量越好，灵敏度和准确性也越高。

一般采用化学机械抛光，用化学抛光样品时一定要避免样品氧化以及表面上的微小折褶，一般达到光亮镜面就可满足要求。对于厚度 $<10mm$ 的样品，无吸收时的透射率约为 50%。

3. 光照面积的影响

当采用大的光照面积时，往往会超过半峰宽的规定值。这是由于平整度超出了要求。为了满足平整度的要求。应缩小光照面积，这样可以使半峰宽达到或接近规定数值。因此光照面积的影响归根到底为光学平面的问题，较小的光照面积比较容易得到要求的光学表面。

4. 晶格吸收的影响

在空气参考法测量中必须扣除晶格吸收部分，特别是低含氧的样品。在低含氧的样品中，之所以要求采用差别法测量，就是为了要准确扣除晶格吸收的贡献。

5. 载流子吸收的影响

半导体中导带电子或价带空穴均能吸收红外线的能量，转化为载流子的动能。半导体中电子（或空穴）的浓度越大，吸收就越大。因此，自由载流子的吸收给测量带来误差。为了避免引入这种误差，要求被测样品的电阻率在 $0.01\Omega \cdot cm$ 以上，当电阻率 $0.01\Omega \cdot cm$ 时，自由载流子吸收就会带来较大的误差。

6. 表面薄膜的影响

样品上的表面薄膜会影响样品的反射率，从而给测量结果带来一定的误差。

7. 多次反射修正的影响

厚度小于且氧原子含量较高的样品，若忽略其多次反射，会导致 α_{max} 变大，氧含量测量值偏高。

四、红外光谱法氧、碳测试作业

1. 样品加工

（1）取样 硅单晶测氧取头部、测碳取尾部，多晶及外单位送样不限部位。样品厚度 $2.3\pm0.2mm$，大直径单晶硅片剖小时，必须是硅片的中心部位，多晶硅片应尽量保留硅芯部位。

（2）研磨 用 W20 金刚砂研磨，去掉刀痕，并调整平整度，样品测量部位的厚度差 $\leqslant 0.01mm$。

（3）抛光 将研磨好的样品清洗干净，放入耐腐蚀塑料容器中，倒入事先配制好的抛光液并不断晃动塑料容器。待样品抛光至镜面后用水清洗干净。要求抛光面无划道、无浅坑、无氧化、无沟道等。抛光必须要在通风橱中进行操作，抛光后样品厚度为 $(2.0\pm0.2)mm$。抛光液配比：$HF:HNO_3 = 1:(3\sim5)$（体积比）。

（4）先将仪器通电预热 20min，再打开计算机。

（5）开机预热 30min。

（6）选择测试温度：300K（26.5℃）或 77K（−196.15℃）。

（7）插入空样品架，以空气作为背景，点击采集背景按钮。

（8）采集背景结束后，插入参比样品，输入参比样品厚度，点击采集参比样品按钮。

（9）参比样品采集结束后，插入测试样品，输入测试样品厚度（cm），点击采集测试样品。

（10）测试样品采集结束后，碳氧含量的结果会自动显示，用户输入打印信息，点击打印报告按钮即可。

2. 注意事项

（1）测试样品的厚度一般取 2mm 即可，所用的参比样品的厚度等于被测样品的厚度，偏差在 ±0.5% 之内；

（2）要求参比样品不含被测杂质，样品的双面抛光成镜面。

（3）傅里叶红外光谱仪是精密光学仪器，为了保证其正常的发挥功能，由专人使用，专人负责日常维护、保养。任何人未经许可，不得调试该设备。

（4）傅里叶红外光谱仪务必保证在干燥环境中使用，潮湿的空气容易腐蚀其镜片。

习 题

1. 简述红外吸收法测硅晶体氧碳含量的原理。

2. 制作测氧碳的硅样品应注意哪些问题？

任务八　单晶硅中缺陷的检测

【任务目标】

1. 掌握硅单晶电化学腐蚀机理及常用腐蚀剂和硅单晶中缺陷的腐蚀测试方法及步骤，晶体缺陷的计算及识别，金相显微镜的操作使用。

2. 理解影响硅单晶电化学腐蚀速度的各种因素，硅单晶中各种缺陷的生成机理。

【任务描述】

单晶硅中的缺陷对器件的性能有很大的影响，它会造成少子寿命减少，扩散结面不平整，PN 结反向电流增大，严重时可以使器件失效。本任务采用化学腐蚀法来显示晶体中的缺陷及晶向，然后用金相显微镜来进行观察及分析。

【任务实施】

一、单晶硅的电化学腐蚀

化学腐蚀是指金属或半导体材料于高温下（1200℃）在腐蚀性气体中所受到的腐蚀。以半导体硅来说，经常用 HCl 进行硅表面的气相腐蚀，这种腐蚀的反应如下：

$$Si + 4HCl \xrightarrow{1200℃} SiCl_4 + 2H_2$$

这种腐蚀是一种纯化学腐蚀过程。电化学腐蚀是指金属或半导体材料在电解质水溶液中所受到的腐蚀。如果没有外加电源，称为电化学腐蚀；如果有外加电源，则称为电解腐蚀。半导体硅在酸碱中所受到的腐蚀都属于电化学腐蚀。构成电化学腐蚀需要具备如下 3 个条件。

（1）被腐蚀的半导体各个部分或区域之间存在电位差，构成正极和负极。电极电位低的是负极，电极电位高的是正极，负极被腐蚀溶解。

（2）具有不同电极电位的半导体各部要互相接触。

（3）半导体电极电位的不同部分处于互相连通的电解质溶液中，以构成微电池。半导体晶体在进行化学腐蚀时，选用各种酸性或碱性电解质腐蚀液，在半导体表面形成许多微电池，半导体材料由于微电池作用而受腐蚀。同一种材料在不同的电解质溶液中的电池反应是不同的。例如，硅单晶在酸性溶液和碱性溶液中的电化学反应是不一样的，在 HNO_3 和 HF 酸性溶液中的电化学反应如下。

负极反应：

$$Si + 2H_2O + 2p \rightarrow SiO_2 + 4H^+ + 2e$$
$$\xrightarrow{+6HF} H_2SiF_6 + 2H_2O$$

硅原子得到两个空穴（p）并且与 H_2O 反应生成 SiO_2，同时放出两个电子（e）。因为溶液中有 HF 存在，SiO_2 立即与 HF 反应生成六氟硅酸。HF 的作用就在于促进负极反应的进行，使负极反应产物 SiO_2 溶解掉。不然所生成的 SiO_2 就会阻碍硅与 H_2O 的电极反应。

正极反应：
$$HNO_3 + 3H^+ \longrightarrow NO\uparrow + 2H_2O + 3p$$

HNO_3 是一种氧化剂，易被 H^+ 还原，并放出 3 个空穴，构成上述电极反应。上述两个电极反应的总和可以写成

$$3Si + 4HNO_3 + 18HF \longrightarrow 3H_2SiF_6 + 4NO\uparrow + 8H_2O$$

如果腐蚀液中缺乏氧化剂，那么在纯 HF 溶液中的正极反应是氢离子的被还原：

$$2H^+ + 2e \longrightarrow H_2\uparrow$$

氢离子的放电十分缓慢，因此，硅在纯 HF 溶液中的腐蚀速率是十分缓慢的。腐蚀液中的 HNO_3 可以用其他氧化剂代替，例如把 CrO_3 或铬酸加在 HF 中也同样可作为一种正极易被还原的材料。

硅单晶在碱性溶液中的电化学反应与在酸性溶液中不一样。

负极反应：
$$Si + 6OH^- \rightleftharpoons SiO_3^{2-} + 3H_2O + 4e$$

硅原子与 OH- 离子反应生成 SiO_3^{2-} 离子，同时放出电子。

正极反应：
$$2H^+ + 2e \rightleftharpoons H_2\uparrow$$

总反应为正、负极反应之总和：
$$Si + 6OH^- + 4H^+ \rightleftharpoons SiO_3^{2-} + 3H_2O + 2H_2\uparrow$$

影响半导体单晶电化学腐蚀速度的各种因素如下。

(1) 腐蚀液的成分 腐蚀液的成分对腐蚀速度影响最大。硅单晶在 HNO_3＋HF 溶液中的腐蚀速度比在 KOH 或 NaOH 溶液中的腐蚀速度大，而在纯 HNO_3 或纯 HF 溶液中的腐蚀速度却很小。其原因是在后两种情况下电极反应不能充分顺利进行的缘故。若在纯 HNO_3 溶液中加入一滴 HF 就可以明显地增加腐蚀速度，这是因为 SiO_2 与 HF 形成六氟硅酸水溶络合物，使负极反应得以顺利进行。在纯 HF 中加入一滴 HNO_3 也可以大大提高腐蚀速度，因为加入的 HNO_3 可作为一种在正极易被还原的材料，使正极反应顺利进行。缺少电池反应中两个电极反应中任意一个，电化学腐蚀反应都不能顺利进行。

(2) 电极电位 硅单晶在不同腐蚀液中，P 型硅的电极电位比 N 型硅的高。电极电位高的构成正极，不受腐蚀。因此同一块单晶中若存在 P 区和 N 区，则 N 区优先受到腐蚀。硅单晶的电极电位还与其中载流子浓度、导电类型有关。一般对于 N 型硅来说，电阻率越低（即少数载流子空穴浓度越低），电极电位越低。对于 P 型硅来说，电阻率越低（多数载流子空穴浓度越高），电极电位越高。但是空穴浓度在 $10^{16}/cm^3$ 以上时电极电位几乎无大变化。所以 P 型重掺单晶断面上电极电位随电阻率变化起伏小。

(3) 缓冲剂的影响 缓冲剂一般是弱酸弱碱，如 CH_3COOH 和 NH_4OH 等。在强酸或强碱溶液中加入一定的缓冲剂就能起到调节酸度（H^+）或碱度（OH^-）的作用。在 HNO_3 溶液中 H^+ 浓度较高，因为 HNO_3 几乎全部电离。但冰醋酸是弱酸，电离度较小。它的电离反应为

$$CH_3COOH \rightleftharpoons CH_3COO^- + H^+$$

在 $HNO_3 + CH_3COOH$ 溶液中，虽因有 HNO_3 使 H^+ 离子浓度较高，但是加入 CH_3COOH 后，H^+ 与 CH_3COO^- 离子作用生成 CH_3COOH 分子。因为 CH_3COOH 电离度小，因此在 HNO_3 和 CH_3COOH 混合酸中的 H^+ 离子浓度较低，这是受到缓冲剂调节的结果。硅单晶在酸性溶液中受电化学腐蚀的正极反应为

$$HNO_3 + 3H^+ \longrightarrow NO\uparrow + 2H_2O + 3p$$

减少 H^+ 离子浓度使正极反应变慢，整个腐蚀速率也随之变慢，有利于组织显示。所以，在 $HF+HNO_3$ 抛光液中加入一定量的冰醋酸就可以使抛光速度变慢。

(4) 腐蚀处理的温度和搅拌的影响　腐蚀处理温度越高，腐蚀速度越快。但有时为了改善腐蚀表面质量而希望腐蚀处理温度低一点。搅拌可以加快物质的传递速度，使反应物及时离开，有利于反应的进行。没有搅拌时，物质依靠扩散传递，比较缓慢，对反应不利。在腐蚀过程中往往会在腐蚀面析出气体，而妨碍反应的进行，并使局部地点过热。为此，可以采用超声处理，加快气体析出，以改善腐蚀表面质量。搅拌还能改善腐蚀液的择优性质。所谓择优性质是指晶体的某些晶面优先受到腐蚀。因此，当出现择优腐蚀时，腐蚀坑往往具有一定规则的几何形状。例如，硅单晶在 CP_4（3份 $HF+5$ 份 HNO_3+3 份 CH_3COOH）腐蚀液中腐蚀时，若没有搅拌就会显示择优性，而在强烈搅拌时则不显示择优性。

(5) 光照的影响　在腐蚀处理时若加光照，半导体就在光照下激发出电子和空穴对，而使载流子浓度增加。这些电子和空穴正是电极反应所需要的，有利于微电池腐蚀。快速腐蚀时（如化学抛光）一般不受光照的影响，而慢速腐蚀时光照影响就比较大。慢速腐蚀用在缺陷显示上，此时加光照效果会更好一些。

二、单晶硅中位错的检测

晶体在其生长完毕后，原生单晶中有如下一些缺陷：位错、层错、微缺陷漩涡花纹、杂质析出、夹杂、杂质微沉淀等。随着晶体生长技术的提高，有许多宏观缺陷在大多数晶体中已不复存在。原生单晶中的位错可以用化学腐蚀法使其显露出来。在一般情况下位错线的两端终止在晶体的表面或者自身构成闭合的曲线。选定某一截面，位错线便会与它相交，在化学腐蚀时，在每个位错露头的地方都会产生蚀坑，于是在金相显微镜下就可以观察到。

(1) 切割、研磨样品　观察面偏离 (111) 面不应大于 $5°$。

(2) 化学抛光　采用 $HF:HNO_3=1:(3\sim5)$ 的抛光液，时间通常控制在 $2\sim4\min$。注意反应不要过分剧烈，以避免样品氧化。

(3) 化学腐蚀　一般用 $HF:CrO_3(33\%)$ 水溶液 $=1:1$ 的腐蚀液，此腐蚀液具有择优性，且显示可靠。

(4) 在铬酸腐蚀液中硅单晶 (111) 截面上的位错通常经过 $10\sim15\min$ 可以全部显露出来。

由于晶体的各向异性，在显示 (100) 面位错时应选择氧化剂浓度比较低的腐蚀液。通常可选用 $10\%CrO_3$ 水溶液：$HF=1:1$ 的腐蚀液，这种腐蚀剂显示比较充分，腐蚀时

间约为 0.5h，但择优性差。33%CrO_3 水溶液：HF＝2：1 的腐蚀液是一种择优腐蚀剂，在 23℃ 腐蚀 1h，位错坑呈方形。(100) 面位错显示时间较 (111) 面长。(111) 面是原子密排面，面上自由键少，化学稳定性较高，整个面的腐蚀剥离速度较小。而 (100) 或 (110) 面不是原子密排面，面上自由键多，整个面的腐蚀剥离速度较大。如果用 $V_{(111)}$ 和 $V_{(100)}$ 分别来表示 (111) 面和 (100) 面的腐蚀速度，而位错向纵深方向腐蚀的速度用 $V_{位错}$ 表示，则以下不等式成立：

$$V_{(111)} < V_{(100)}$$
$$V_{位错} - V_{(111)} > V_{位错} - V_{(100)}$$

在用化学腐蚀法显示位错时，希望位错露头处得到一对应的蚀坑。随着位错处蚀坑的形成，样品的表面也在不断地剥离腐蚀，只有当位错蚀坑的形成速度大于样品表面的腐蚀速度，经过适当时间，位错蚀坑才能显露出来。由上面不等式可以看出，因为 (111) 面的腐蚀速度小，因此 (111) 面上的位错蚀坑比 (100) 面更容易显露出来，腐蚀所需的时间也短些。这种情况还可以推广到 [111] 晶向重掺杂硅单晶位错显示上。由于晶体中掺入了大量杂质元素，引起晶格畸变，腐蚀速度增大，导致 $V_{位错}$ 与 $V_{(111)}$ 差值的减小。所以，重掺杂硅单晶 (111) 面比高阻硅单晶 (111) 面位错坑的显示慢得多。(100) 面在化学腐蚀法显示位错时容易氧化，影响腐蚀效果，不好观察，并出现腐蚀坑假象。因此，在抛光和腐蚀时，最好不让晶体表面暴露于空气之中。

从实验的情况看，显示 (110) 面位错时用的腐蚀液与 (111) 面同。如用 33%CrO_3 水溶液：HF＝1：1 的腐蚀液，10～15min，菱形的位错坑便显示出来了。其余都可按显示 (111) 面位错坑的方法来处理。

位错显示工艺中的一般注意事项如下。

(1) 样品被观察面必须认真进行化学抛光，要求抛光成很光亮的镜面。如果样品表面是由内圆切片机切出很平整的表面，则不需研磨。一般的表面都要经过由粗到细的研磨后方可进行化学抛光。

(2) 样品表面必须保持清洁。若表面沾有手印、手套印或其他污迹，腐蚀后会引起假蚀坑。这种假的蚀坑同真实的结构缺陷引起的蚀坑往往很难分辨。

(3) 样品在腐蚀前最好在氢氟酸中浸泡 1min 左右的时间，以除去可能存在的 SiO_2 薄膜。否则，也可能会出现假蚀坑。

(4) 腐蚀时应不断地摇晃腐蚀容器，使得在腐蚀过程中产生的气泡不会附着在样品的表面上。有的方法要求采用超声震动，但超声本身容易引起假蚀坑，因此在实际操作时，最好代之以用手对容器进行摇晃。

(5) 腐蚀完后，不要把样品直接从腐蚀液中提出，因为这时表面上会留有一层腐蚀液薄膜，在提出的过程中将继续腐蚀、发热，形成蚀坑，使得结果混乱。比较好的操作方法是把大量的水注入容器，之后，再把样品提出放在清洗池中清洗。

(6) 显示出来的缺陷的大小与温度和时间有关。腐蚀时，腐蚀液温度上升的速度与样品总面积直接相关。一般每 200ml 的腐蚀液可腐蚀总面积 90cm^2 左右样品，相当于每一个 3″直径的片子用 200ml 腐蚀剂，或者每一个 100mm 直径的片子用腐蚀剂 350ml 左右。

(7) 储备液和氢氟酸混合成为腐蚀液后，从混合之时起就开始劣化。劣化的腐蚀液会引起无规则蚀坑的出现及使得腐蚀速度下降,而储备液相对来说就有较长的储备寿命。所以在实际工作中,应先大量配制好储备液,使用时,再取所需容量的储备液与氢氟酸配制成腐蚀液。

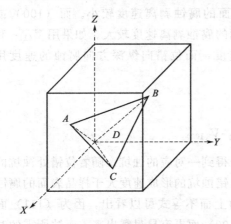

图 2.52 由 {111} 面构成的正四面体 ABCD

从硅单晶的一个晶胞中可以做这样一个正四面体,使每个面均为 {111} 面。图 2.52 中的 D 为原点,A、B、C 分别为 3 个面的面心。这样做了以后,△ABC 为 (111),△ABD 为 ($11\bar{1}$),△ADC 为 ($\bar{1}11$),△BDC 为 ($1\bar{1}1$)。其中 (111) 面为观察面,只有那些与该面相割截的位错才能被观察到。因为所采用的腐蚀液具有择优性质,它对 {111} 面腐蚀很慢,而对其他晶面腐蚀却很快。这样最终位错坑的周围总是 {111} 面被保留下来,成为位错坑的坑壁。用择优腐蚀剂腐蚀时,(111) 面的位错坑应该是三角形锥体,但是实际上真正的位错坑不是正三角形锥体,这是由于所有位错线都不与 (111) 面相垂直的缘故。例如,在 [110] 方向的螺型位错与 (111) 面成 54°44′ 夹角;而沿 [211] 方向的刃型位错与 (111) 面分别构成 28°5′ 和 70°32′ 两种夹角。位错腐蚀坑的形态还与位错线的观察面之间的夹角有很大关系。因为腐蚀坑底是沿位错线向晶体内部纵深方向发展的,所以,当位错线和观察面之间的夹角很小时,腐蚀坑底向位错线的方向偏移,使腐蚀坑拉长扩大。这是倾角比较小的位错的特征。一行位错排或一列小角晶界上的位错坑,在形态上是一样的。这是因为它们与观察面的角度相同。在观察位错时,还可注意到当位错刚刚被显示出来时,位错坑很接近正三角形。但随着时间的延长,位错坑的形状在不断改变,这是随着腐蚀过程的进行三角锥体的尖顶向着位错线的方向偏移的结果。

在择优腐蚀剂腐蚀下,各种位错的内壁是由许多阶梯排布的小 {111} 面组成的,如图 2.53 所示。

硅单晶 (100) 面上位错坑的形态和分析 (111) 面上位错坑形态时一样,可以在硅单晶的 4 个晶胞中取 8 个 {111} 面围成的八面体,如图 2.54 所示。

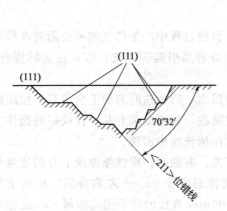

图 2.53 择优腐蚀时位错坑内壁的组成

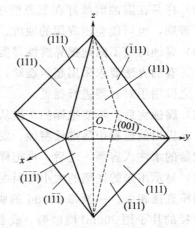

图 2.54 由 {111} 面构成的正八面体

如果选用非择优腐蚀剂，则（100）面上位错坑呈圆形。如采用择优腐蚀剂，坑壁应是｛111｝晶面，（100）面上位错坑呈四方形。

在实际工作中，会遇到多种形态的位错坑，其影响因素往往是多方面的。当然主要受所选用的腐蚀剂的择优性质及氧化剂浓度的高低的影响。例如，铬酸腐蚀剂中增加铬酸含量，择优性能增加，但在（100）面上位错露头处出现腐蚀小丘。出现腐蚀小丘时，腐蚀液的氧化速度高于 HF 的络合速度。增加铬酸量虽然能改善择优性，但位错显示不充分。

三、单晶硅中漩涡缺陷的检测

硅单晶中的微缺陷，已越来越受到人们的重视。有人认为微缺陷对器件的影响，甚至比常规参数（电阻率、电阻率不均匀度、少子寿命、位错等）还要重要。它对大规模集成电路的影响尤为严重。微缺陷是影响硅器件的成品率的一个重要因素，也是影响器件性能的稳定性和可靠性的重要因素。漩涡缺陷是指原生微缺陷呈螺旋条纹状分布。微缺陷的典型密度为 $10^6 \sim 10^8$ 个/cm^3。单晶经化学腐蚀后，宏观上呈现不连续的同心圆，也可以是非同心圆的花纹，这种花纹通常称为漩涡花纹。如图 2.55 所示。

(a) 直拉单晶　　　　　　　　　　(b) 区熔单晶

图 2.55　硅单晶中的漩涡缺陷

从微观上看，漩涡条纹由大量的浅蚀坑组成。使用择优腐蚀剂时，浅蚀坑也具有晶体的对称特点。（111）面上的微缺陷浅坑具有三角形的形态，它与位错蚀坑的区别在于前者是浅的平底坑，显微镜下呈白亮的芯，而后者是深的尖底坑，显微镜下呈黑三角形。

观察漩涡缺陷时往往容易与其他一些缺陷相混淆，要注意它们的区别。电阻率条纹在硅片表面也呈螺旋形，在宏观上很容易与微缺陷的漩涡条纹相混淆。但是两者的本质和形成机理是不同的，漩涡归因于点缺陷的聚集，它们与电阻率变化无关，但经常被碳（也许还有氧）重金属杂质所缀饰；而电阻率条纹与电阻率局部变化有关，它归因于晶体生长时，微观生长速率因热起伏而周期性变化，造成杂质有效分凝系数起伏。漩涡条纹是不连续的，从微观看，漩涡缺陷是条纹处出现密集的平底浅坑（（111）单晶）或腐蚀小丘（（100）单晶），从宏观看，漩涡缺陷由许多密集的白色小点组成。而电阻率条纹上没有微缺陷蚀坑，宏观上看不见白色小点，腐蚀面为镜面，这是漩涡花纹与电阻率条纹最重要的区别。

漩涡缺陷实际是由两种浅蚀坑带所组成，一种称为 A 缺陷，另一种称为 B 缺陷。A

缺陷比 B 缺陷大得多，而数量上少两个数量级。用腐蚀法显示样品中的漩涡花纹后，在显微镜下便可区分 A 缺陷和 B 缺陷。A 缺陷呈现为大的腐蚀丘或坑（3～10μm 的大小），而 B 缺陷为小的浅蚀坑（约 1μm 的大小），两者呈条纹状图案分布。靠近晶体的边缘部分，只发现 B 缺陷，而在单晶体内部两种缺陷都存在。不过，在晶体的中心区，B 缺陷的浓度却特别小。A 缺陷和 B 缺陷的整个体浓度的典型值分别为 10^6 和 10^7 个/cm^3。

漩涡缺陷在晶体中实际上是呈螺旋阶梯分布的。在晶体的纵向，如图 2.56（a）所示，漩涡缺陷与生长条纹一样，也是分层分布的，并且与生长条纹几乎具有相同的形式，层与层之间的距离，与生长条纹的层间距离一致。

从晶体的纵向剖面来看，左右两侧的条纹是相同的。当切割面与生长轴垂直时，因为条纹的间距比较小，择优腐蚀的深度比较深，因此几个层次同时显示在横截面上，结果便形成如图 2.56（b）所示的漩涡条纹。当切割面与生长轴不相垂直时，切割面可以与漩涡缺陷的几个层次相割截，但只可显示出每一个层次的一段弧线。此时腐蚀显示的漩涡花纹如图 2.56（c）所示，花纹的中心偏到晶体的一侧。实际上漩涡花纹的图样是各不相同的，因为晶体的生长方法（如偏心拉晶）热场的对称性、生长参数等均影响漩涡的分布和密度。

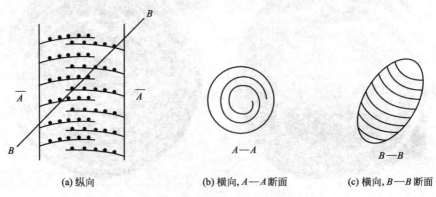

图 2.56　漩涡缺陷在纵向和横向截面上的分布

漩涡缺陷是晶体中点缺陷的局部聚集，而位错可以成为点缺陷的陷阱，所以在原生晶体中如果有位错时，就没有漩涡缺陷存在；或者说，在位错附近观察不到微缺陷的浅蚀坑。但当漩涡缺陷形成之后，少量的位错就很难消除缺陷。

原生晶体中漩涡缺陷的另一分布特点是在晶体表面 1～2mm 范围内微缺陷的浓度要比体内低得多。这是因为在晶体生长过程中，表面附近的点缺陷会部分地扩散出表面而消失。

原生晶体中的漩涡缺陷不容易充分显示，尤其是直拉单晶，经过热处理才变得明显化。

样品经过 1100℃ 湿氧或水汽氧化后，用 CrO_3（33% 水溶液）：HF=1:1 的择优腐蚀液腐蚀显示。除了可显示漩涡缺陷外，还可以检测体层错、位错、晶体原有的滑移、掺杂剂或杂质浓度周期性变化形成的电阻率条纹等。由于硅片的表面机械损伤会影响所观察的图案，故要经过化学抛光，以除去硅片两面机械损伤。这样，所显示的图案只与生长过程有关，而与表面处理无关。

1. 采样

所选择试样应代表该晶锭的质量。每根硅晶锭至少要选取 3 片，3 片取在硅锭的头、中、尾部位。对于只生产晶锭的厂家，取头、尾就可以了。一般来说，尾部的微缺陷比较多，很有必要进行检测。

2. 试样制备

试样经单面或双面研磨，再经化学抛光。每面抛去 $30\sim40\mu m$ 即能除去损伤。

3. 样品清洗

样品的清洗很重要，因为样品上的沾污也能引起热氧化层错。先用有机溶剂除去硅片上的有机污物，然后用 1 号、2 号清洗液相继清洗除去金属离子。1 号清洗液的配制如下：400ml H_2O＋100ml $NH_3 \cdot H_2O$＋100ml H_2O_2；加热至 $80\sim90℃$，保持 $10\sim15$min。2 号清洗液的配制如下：400ml H_2O＋100ml HCl＋100ml H_2O_2；加热至 $80\sim90℃$，保持 $10\sim15$min。硅片用每种清洗液清洗后还要用去离子水冲洗。1 号清洗液清洗后还要用氢氟酸浸泡硅片，保持 2min。硅片浸泡在带盖盛水烧杯内，离硅片进炉盛放时间不超过 10min。

4. 热氧化处理

热氧化处理在管式扩散炉中进行，炉温保持在 $1100℃\pm10℃$；炉内气氛为湿氧化气氛。整个装置如图 2.57 所示。硅片平放在石英舟中推至炉内恒温区氧化 2 小时，待氧化层厚度达到 $0.6\sim0.8\mu m$ 时，将载有硅片的石英舟缓缓拉至炉口冷却。

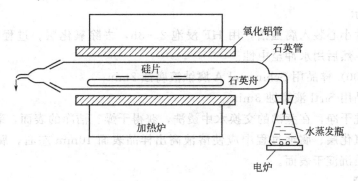

图 2.57 热氧化加热装置

5. 择优腐蚀显示

将硅片浸泡在氢氟酸中 1min，除去表面氧化层。用水冲洗后再用择优腐蚀剂腐蚀。对于（100）晶向的单晶片，采用 Wright 腐蚀剂，腐蚀时间为 10min。对于（111）晶向的单晶片采用 Sirtl 腐蚀剂，腐蚀时间为 3min。再用肉眼判断是否有漩涡缺陷存在，以及用金相显微镜计算微缺陷的面密度。

四、硅片缺陷热氧化检验作业指导

1. 制样

取样厚度为 3mm，取成半圆形样品。用粒度不大于 $28\mu m$ 的金刚砂研磨。样品要求平整、均匀、无划道，样品应包括晶片中心。

2. 抛光

将制备好的样品放入耐腐蚀塑料容器中，冲洗干净后用事先配好的抛光液进行抛光腐蚀，过程中应不断摇动，以免样品腐蚀不均和氧化，待硅片与抛光液反应产生的氮氧化物黄烟快尽时，用大量离子交换水冲洗，重复上述操作，直到样块光亮至镜面，要求无橘皮，无氧化，无划痕。抛光液配比为 HF：HNO_3＝1：（3～5）（体积比）。

3. 清洗

将抛光好的样块用大量离子交换水冲至中性后，放入洁净的塑料花篮，再用离子交换水冲洗 3～5 遍。用清洗液在亚沸状态（电炉电压为 90V 左右）煮 10min，后用离子交换水冲洗 5～6 遍，使之呈中性。离子交换水液面距样块 10mm 左右，煮沸后再用交换水冲洗，最后容器内盛上交换水，将带样块的塑料花篮放入容器内煮沸，即可进行装炉。清洗液配比为 H_2O：HCl：H_2O_2＝4：1：1（体积比）。

4. 装炉热氧化

（1）炉温控制在 1100℃±10℃。观察控制柜温度偏差表是否回零，炉丝加热电流是否低于限值，若是表明系统已恒温，可以装炉。

（2）水汽发生器的水温在 70～90℃，加热电压控制为 60～80V。

（3）将样片插入载样舟的插槽中，待测面应无水迹、沾污。样片不能重叠，且避免镊子和插槽划伤。

（4）将舟缓缓推入恒温区，在通水汽 1100℃状态下氧化 2 小时，停炉后随炉冷至 900℃（夏天约 1.5h，冬天约 1h），将舟拉至炉口，充分冷却后装入瓷盘，舟放回原位，炉口罩上烧杯，水汽发生器电炉电压调至 0V。

5. 腐蚀显示

（1）将样片小心装入腐蚀槽，用 HF 浸泡 2～3h，去除氧化层。过程中应不断摇动，以免产生色斑。然后用水冲至中性。

（2）将〈100〉样品用 Schimmel A 腐蚀液腐蚀 2min；

〈111〉样品用 Sirtl 液腐蚀 3min；

将样片冲洗干净，在煮沸的交换水中烫洗，获得干燥、洁净的表面，装入瓷盘。

注：在去氧化层、腐蚀过程中应使溶液高出样品表面 10mm 左右，腐蚀过程中应不断摇动以免杂质沉淀于表面。

【知识拓展】

半导体晶体在其生长过程中或器件制造过程中，都会产生多种晶体结构缺陷。由于大多数缺陷是有害的，所以一般都不希望晶体中存在缺陷。但对某种器件，少量而均匀分布的晶体缺陷却对改善其性能有好处。

1. 点缺陷

（1）空位

这是最简单的点缺陷。晶格点阵上的原子由于热运动或辐照离开其平衡位置，跑到晶格的空隙中或晶体的表面，从而在原子点阵上留下了空位。所有晶体中都存在空位，空位在热力学上是稳定的。对硅晶体来说，在接近其熔点时有约 10^{18} 原子/cm^3 的空位，而在室温时就少多了。由于晶体生长以后冷却相当快，晶体中在高温下形成的大量空位来不及扩散到晶体表面，就被"冻结"在体内；另一方面，空位还可以与许多杂质原子形成络合体。所以，晶体中的实际空位浓度与热力学平衡浓度不同，前者使实际空位浓度大于平衡浓度，后者使实际空位浓度低于平衡浓度。空位可聚集成团，当空位团崩塌时，可形成位错圈，此时可利用化学腐蚀法或透射电子显微镜进行观察。

（2）填隙原子

这是占据晶格空隙处的多余原子。一般填隙原子的形成能比空位大很多，因此晶体中填隙原子远比空位要少。但对于金刚石型结构晶体来说，晶格中有相当大的空隙可容纳填隙原子。填隙原子的形成反而比空位小。填隙原子可以与空位相结合而相互湮灭，也可以自身聚集成团，崩塌后形成间隙性位错圈。在金刚石型结构晶体中，由于填隙原子的形成能较小，更显出其重要性。填隙原子虽然在温度较低时浓度比较低，但当温度接近熔点时，由于点阵振动加剧而可以获得很高的能量，使填隙原子浓度大大增加。当它在生长界面附近陷落凝聚时可以形成微缺陷。

（3）络合体

这是空位与杂质原子相结合而形成的复合体。例如，硅中空穴与磷原子相结合形成空位-磷原子对（称为E中心），与氧原子相结合形成空位-氧原子对（称为A中心）等。许多络合体是电活性的，影响半导体中的载流子浓度。研究半导体中络合体的方法与空位和填隙原子相似，一般采用电子顺磁共振法。

（4）外来原子

半导体晶体中还可以出现外来原子，例如硅中的氧、碳、重金属杂质原子。这些外来杂质原子可以以填隙方式或替位方式存在，并往往与硅原子结合成键。分子键的振动谱可以在红外吸收光谱中观察出来。外来杂质可以引起点阵的畸变或半导体电学性质的变化，从而能将它检测出来。

2. 线缺陷

位错是半导体中最主要的缺陷，它属于线缺陷，一般称为位错线。位错线有一定的长度，它的两端必须终止于晶体的表面或界面上，也可以头尾自己相接构成位错环。晶体中的位错可以设想由晶体滑移所形成。当晶体的一部分相对于另一部分产生滑移时，已滑移区和未滑移区的分界线就是位错线。图 2.58（a）中，在 BC 处出现多余的原子半平面，BC 就是位错线所在的地方，这种位错称为刃型位错；图 2.58（b）中，BC 右边的晶体上下发生相对错动，BC 线就是位错线所在的地方，这种位错被称为螺型位错。由上可以看出，在位错周围不大的区域内晶格发生很大的畸变。为了反映这些畸变的特点，围绕位错线作一个回路，称为柏格斯回路，回路所经区域必须是好区域。当位错线方向确定后，利用右手螺旋法则，沿晶格基矢走，构成闭合回路，计算 3 个基矢方向上所走的步数得到的矢量即为柏格斯矢量 $\vec{b}$。

由图 2.59 可以看出，刃型位错的柏格斯矢量 $\vec{b}$ 与位错线相垂直，而螺型位错的柏格斯矢量 $\vec{b}$ 与位错线相平行。在实际情况下已滑移区与未滑移区的交界线往往构成曲线，也就是整个位错线为一曲线。柏格斯矢量的方向和大小是守恒不变的。某一段位错线与柏格斯矢量相垂直

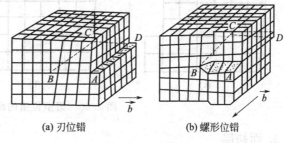

图 2.58 线位错

时可以认为是刃型位错，另一段位错线与柏格斯矢量相平行时可以认为是螺型位错。当位错线方向与柏格斯矢量既不垂直也不平行时，通常称为混合位错。

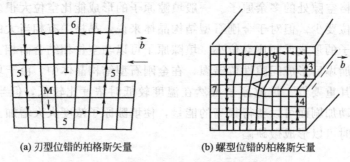

(a) 刃型位错的柏格斯矢量　　　　(b) 螺型位错的柏格斯矢量

图 2.59　由柏格斯加路确定位的柏格斯矢量

在金刚石型结构的晶体中，容易出现一种位错线方向与柏格斯矢量成 60°角的所谓 60°位错，这种位错具有刃型位错的特点，也称准刃型位错。

晶体往往容易沿某些晶面发生滑移，通常把这些晶面称为滑移面。构成滑移面的条件是该面上原子的面密度大，面间距大，晶面之间原子的相互约束力弱。这些晶面之间容易产生相对滑移。对硅而言，滑移面为 {111} 面族，其中包括 (111)、($\bar{1}$11)、(1$\bar{1}$1)、(11$\bar{1}$) 面，这是硅晶体的几个主要滑移面。螺型位错或刃型位错一般都是躺在 {111} 面族上的。

滑移时，除了沿某一滑移面滑移外，其滑移方向也是一定的。滑移方向一般都是取原子距离最小的晶列方向。因为每滑动一次必须移动一个原子距离或原子距离的整数倍，在原子距离最小的晶列方向滑移，所需的能量最小，所以这样的晶向是最容易滑移的方向。对硅晶体而言，[110] 原子间距最小，所以 [110] 是滑移方向。[110] 晶向族包括 [110]、[101]、[011]、[$\bar{1}$10]、[$\bar{1}$01]、[0$\bar{1}$1] 6 个，另外加上这 6 个方向的反方向 [1$\bar{1}$0]、[$\bar{1}$01]、[0$\bar{1}$$\bar{1}$]、[$\bar{1}$$\bar{1}$0]、[$\bar{1}0\bar{1}$]、[0$\bar{1}$1]，共有 12 个方向。

位错线在应力作用下可在滑移面上沿滑移方向运动。此时位错线和柏格斯矢量均在同一滑移面上（见图 2.60）。位错除了作滑移运动外还可以作攀移运动。由于在一定温度下，晶体中存在一定数量的空位和填隙原子，这些空位或填隙原子依靠热运动而移到位错处，所以，使刃型位错处的原子半平面边界增添或减少，而发生扩散或收缩，这就是位错的攀移运动，如图 2.61 所示。

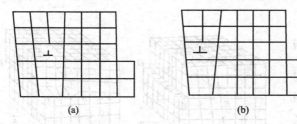

图 2.60　刃型位错的滑移运动

3. 面缺陷

晶体密堆积结构中正常层序发生破坏的区域称为堆垛层错，简称层错，图 2.62 标示出了层错的结构图。在图 (a) 的 a、b、c 堆垛次序中某处缺少了 b 层原子，称为本征层

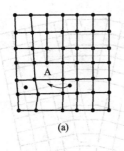 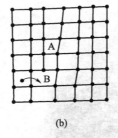 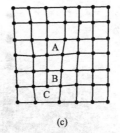

图 2.61 刃型位错的攀移运动

错;而在图 (b) 的 a、b、c 堆垛次序中某处多了一层 b 层原子,称为非本征层错。本征层错一般由晶体中的空位所聚集成的空位团崩塌而形成,而非本征层错往往是在高温条件下由于存在外来片状沉淀,依靠片状沉淀物形成层错核心,然后长大成圆形层错。

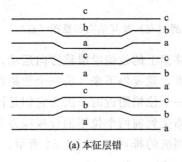 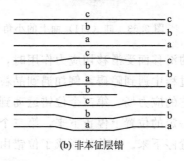

(a) 本征层错　　　　　　　　(b) 非本征层错

图 2.62 层错

4. 杂质沉淀

半导体晶体在其生长和以后处理过程中会受一些杂质沾污,例如氧、碳及金属杂质。金属杂质中,对器件影响最大的是重金属铜、银、铁、镍和碱金属(主要是钠),以上这些杂质在高温下溶解度很大,到室温时溶解度大大降低。这样,在一定的温度条件下就会以杂质沉淀的形式脱溶析出。例如,硅中氧在 1000℃左右以 SiO_2 沉淀析出,碳以 SiC 沉淀析出,铁以 $\gamma\text{-}Fe_3Si$ 沉淀析出。杂质沉淀时,往往会导生出晶体缺陷,例如硅单晶中氧沉淀时,若在 1100℃的高温下会产生圆形的非本征层错。

5. 小角度晶界和系属结构

把多晶体晶粒间的界面称为晶界,单晶中往往存在晶向角度差极小的两个区域,通常称为亚晶粒。亚晶粒的界面称为亚晶界,又常常称为小角度晶界。可以把小角度晶界看成是位错的排列,晶向差增大时,位错线的线密度增加。

晶向偏离度可以用 X 射线双晶光谱仪进行测定。小角度晶界上的位错可以用化学腐蚀法显示出来。小角度晶界位错蚀坑的特点是顶与底边相接。图 2.63 是小角度晶界的示意图和 (111) 面上腐蚀坑的排列形式。系属结构是小角度晶界的局部密集排列,所以也是一种位错线的堆集。

6. 位错排与星形结构

位错排又名位错列阵,它由一系列位错构成,位错排的位错腐蚀坑是底边排列在一条直线上,与小角度晶界位错腐蚀坑的排列不同。

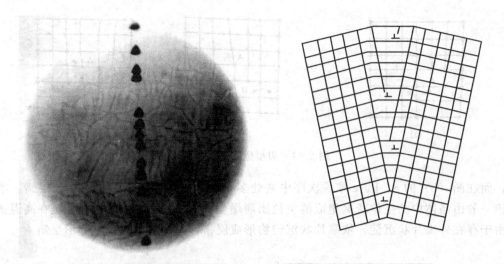

图 2.63　硅（111）面上的小角度晶界（左）及其结构示意图（右）

当晶体的滑移面受滑移切应力作用时，滑移面上的位错沿滑移方向运动。如果位错在晶体内运动过程中遇到障碍，例如遇到晶粒间界，就要停下来。头一个位错在障碍物处停下来，建立它的应力场。第二个位错运动到第一个位错附近时，因为它们是同号位错，相互排斥，在一定的位置上停止下来，第三个位错受到前两个位错的合成应力场的排斥作用在较远的位置停下来。由此就形成了位错由密到疏的排列，如图 2.64 所示。

图 2.64　滑移位错及其塞积

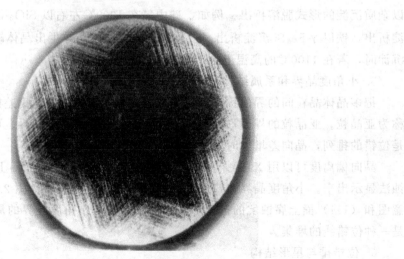

图 2.65　星形结构

因为位错排的腐蚀坑排列成一条直线，所以直线的方向是观察面与{111}面的交线。当晶体中存在大量的位错排，而它们又分布在不同的{111}面上时，经化学腐蚀后，沿〈110〉晶向排列的滑移线构成宏观有规则的结构。在（111）面上，宏观排成六角形图案的星形结构，如图 2.65 所示

习　题

1. 了解腐蚀在半导体技术中的运用。
2. 半导体单晶中有哪些缺陷？
3. 位错的面密度是如何计算的？
4. 从微观上看，漩涡缺陷与位错蚀坑有什么区别？
5. 了解金相显微镜物镜和目镜测微尺的实际运用。

项目三 硅片的检测

【项目描述】

硅片包括单晶硅片和多晶硅片,本项目对硅片的电学参数、几何参数和表面参数等方面进行检测,同时对硅片检测的方法原理、工艺步骤、仪器设备作全面介绍。

任务一 太阳能电池用多晶硅片的检测

【任务目标】

1. 熟悉多晶硅片检测的基本参数;
2. 掌握硅片检测的项目及试验方法。

【任务描述】

硅片是太阳能电池片的载体,硅片质量的好坏直接决定了太阳电池片转换效率的高低,因此需要对硅片进行检测。

【任务实施】

1. 外观要求

(1) 硅片外观要求表面洁净,无沾污、色斑、目视裂纹、孔洞等目视缺陷。

(2) 硅片表面不可以有深度>0.5mm,长度>1.0mm,整片>2处且无 V 缺口的崩边缺陷。

(3) 硅片表面不可以有深度>0.5mm,长度>0.5mm,整片>2处的缺角缺陷。

(4) 硅片表面不可以有深度>0.5mm 的边缘缺陷,并且边缘缺陷的累积长度应≤10cm。

(5) 硅片表面允许存在长度1cm的范围内晶粒的数量≤10个。

2. 尺寸规格要求

硅片的几何尺寸及公差应符合表 3.1 的要求,如用户有特殊要求时,由供需双方协商。

表 3.1 太阳电池用多晶硅片几何尺寸及公差要求

外形尺寸/mm	±0.5	总厚度变化/%	≤20
倒角尺寸/mm	±0.5	弯曲度/μm	≤75
硅片厚度变化/%	±10	相邻两边的垂直度/(°)	±0.25

3. 性能

(1) 硅片电阻率范围为 0.5~3.0Ω·cm,或由供需双方协商;其检测按 GB/T 1551 或 GB/T 6616 进行。

(2) 导电类型 P 型或由供需双方协商,其检测按 GB/T 1550 进行。

(3) 氧含量 硅片的间隙氧含量应小于 1×10^{18} 原子$/cm^3$，或由供需双方协商；

(4) 碳含量 硅片的替位碳含量应小于 5×10^{17} 原子$/cm^3$，或由供需双方协商。

4. 试验方法

(1) 硅片的表面质量检验应在 430~650lx 光强度的荧光灯或乳白灯下进行。

(2) 硅片的外形尺寸检验用游标卡尺或相应精度的量具进行。

(3) 相邻两边的垂直度检验用万能角尺或相应精度的量具进行。

(4) 线痕深度检测，在单条线痕最大处用表面粗糙度测试仪在垂直线痕方向 5mm 范围内测量该线痕的极差值，当存在多条线痕时应进行多次测量取最大值。

(5) 硅片弯曲度检验按 GB/T6619 进行，或由供需双方协商。

5. 检验项目

硅片检验的项目有导电类型、电阻率范围、表面质量、外形和几何尺寸。

硅片抽样按 GB/T 2828.1 一次抽样方案进行，具体的检测项目、检查水平和合格质量水平见表 3.2 所示，或由供需双方商定。

表 3.2 检测项目、检查水平和合格质量水平

序号	检验项目		检查水平	合格质量水平(AQL)
1	外形尺寸		Ⅱ	1.0
2	倒角尺寸		Ⅱ	1.0
3	硅片厚度		Ⅱ	1.0
4	总厚度变化		Ⅱ	1.0
5	弯曲度		Ⅱ	1.0
6	线痕深度		Ⅱ	1.0
7	相邻两边的垂直度		Ⅱ	1.0
8	导电类型		S-2	0.01
9	电阻率范围		S-2	0.01
10	硅片外观及表面质量	崩边/缺口	Ⅱ	1.0
		硅片边缘	Ⅱ	2.5
		表面质量	Ⅱ	1.5
		累计	—	2.5

多晶硅片质量检测参数见表 3.3

表 3.3 多晶硅片质量检测参数

分类	多晶硅片的检测	参数			备注
		合格品 A级	等外片 C级	不合格片 D级	
硅片尺寸	边长/mm	156±0.5	156±0.5	>156.5（或<155.5）	
	厚度/μm	200±20	170~230	>250 或<170	中心厚度
			230~250		
	倒角长度/mm	0.5~2.0	0.5~2.0	>2 或<0.5	
	TTV/μm	≤30	≤50	>50	

续表

分类	多晶硅片的检测	参数 合格品 A级	参数 等外片 C级	参数 不合格片 D级	备注
表面质量	亮线	无	有	有	
表面质量	线痕/μm	≤15	≤50	>50	
表面质量	密集线痕/μm	允许严重程度≤样片	10～50	>50	样片
表面质量	白线	无	有	有	
表面质量	断线色差	允许严重程度≤样片	有	有	样片
表面质量	孪晶	无	无	有	
表面质量	错位	无	无	有	
表面质量	微晶	无	NA	NA	
表面质量	裂纹	无	无	有	
表面质量	应力	无	有	NA	
表面质量	穿孔	无	无	有	
表面质量	崩边	长≤0.5mm,宽≤0.3mm,深≤1/3	长<2mm,宽≤1mm,相邻两个边不得同时发生	长≥2mm,宽>1mm,允许相邻两个边同时发生	
表面质量	缺口	无	长<1mm,宽≤0.5mm,"V"型缺口不允许	长≥1mm,宽>0.5mm,允许"V"型缺口	
表面质量	翘曲/μm	≤50	≤70	>70	
表面质量	沾污	无	有	NA	
电学性能	导电类型	P	P	N	
电学性能	电阻率/Ω·cm	0.8～3.0	0.5～10.0	<0.5 或>10.0	
电学性能	少子寿命/μs（未钝化）	≥2	≥2	NA	硅锭扫描
电学性能	生长方式	DSS	DSS	NA	

任务二　硅片直径检测

【任务目标】

1. 掌握光学投影仪检测硅片直径的方法；
2. 能正确对硅片直径进行测量；
3. 能对检测出的结果做出判断。

【任务描述】

半导体硅片直径是一个重要的参数，硅片晶向偏离会使硅片呈现椭圆形，对后续工序有直接影响。本任务采用光学投影法测量硅片直径。

【任务实施】

一、硅片直径测量部位与结果处理

按照标准，每个硅片应测量3条直径，以3次测量结果的平均值作为该硅片的直径D：

$$\overline{D} = \frac{1}{3}\sum_{i=1}^{3} D_i$$

GB/T 14140 中规定了硅片直径测量部位,见图 3.1。

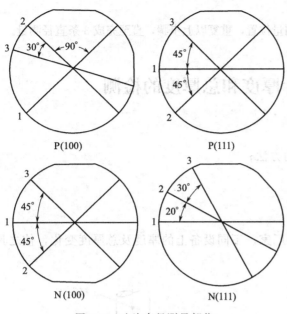

图 3.1 硅片直径测量部位

(1) P<111>和 N<100>的硅片,要测量的三条直径分别是平行于主参考面的直径和另外两条与该直径呈 45°角的直径。

(2) P<100>硅片,第一条直径位于主、副参考面的中间,第二条直径垂直于第一条直径,第三条直径与第二条直径呈 30°角。

(3) N<111>硅片,第一条直径平行于主参考面,第二条直径与第一条直径呈 30°角,第三条直径与第二条直径也呈 30°角。

二、光学投影法测量硅片直径

1. 测试装置

① 光学投影仪 放大倍数为 10~50 倍,其载物台可在 X 和 Y 方向移动,移动范围 0~25mm,精度 0.1μm。

② 样品架 包括样品夹和支架,样品夹可在支架上滑动,滑动范围 50~100mm。

③ 标准长度块 具备所测量直径规格的标准长度块多个。

2. 测量步骤

① 移动载物台到中间位置,将硅片放入样品夹,使被测直径处于测量位置。

② 选择与硅片直径尺寸相当的标准长度样块置于硅片架左端,滑动样品夹,使硅片边缘紧靠标准长度块。

③ 调节光学投影仪,使硅片边缘轮廓清晰地显示在显示屏上。

④ 调节螺旋测微仪,使载物台在 X 方向移动,直到硅片边缘轮廓的左边与显示屏上的垂直坐标轴相切,如图 3.2(a) 所示,记下螺旋测微计读数 F。

⑤ 移走标准长度块,记下基准长度 L,滑动样品夹靠紧支架左端。调节螺旋测微仪,

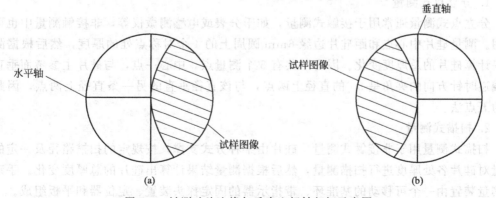

图 3.2 被测硅片边缘与垂直坐标轴相切示意图

使载物台在 X 方向移动，直到硅片边缘轮廓的右边与显示屏上的垂直坐标轴相切，如图 3.2（b）所示，记下螺旋测微计读数 S。

⑥ 旋转硅片，使另一被测直径处于测量位置，重复以上步骤，直至完成 3 条直径测量。

任务三　硅片厚度和总厚度的检测

【任务目标】
1. 掌握光学投影仪检测硅片厚度的方法；
2. 能正确对硅片厚度进行测量；
3. 能对检测出的结果做出判断。

【任务描述】
为了使统一太阳电池用硅片在不同厂家、不同设备上的厚度及总厚度变化，使之具有可比性，需要对其进行检测及分析。

【任务实施】
一、静电电容法测量原理

如图 3.3 所示，从上、下探头输入一个高频信号，其间产生高频电场，被测硅片置于此电场中，电容传感器的电容极板与硅片的表面构成一电容，这个电容与传感器内的标准电容之间的偏差量与交流信号的频率及振幅成比例，因此可以通过一个标准线性电路求出电流的变化量，并通过电流的变化量求出硅片的电容量。

二、硅片总厚度变化（TTV）测量

硅片总厚度变化检验可以采用分立点式测量和扫描式测量两种方式进行，见图 3.4 和图 3.5。两种方式均可以利用手动或自动模式得以实现。

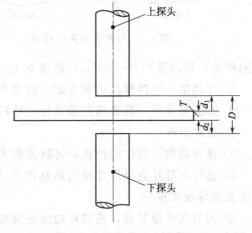

图 3.3　静电电容法测量硅片厚度方法示意图

1. 分立点式测量

分立点式测量通常用于接触式测量，如千分表或电感测微仪等，非接触测量中也可以使用。测量硅片中心点和距硅片边缘 6mm 圆周上的 4 个对称点处的厚度，然后根据测量结果计算硅片的总厚度变化。因为一共有 5 个测量点，中心一点，与硅片主参考面垂直平分线逆时针方向的夹角呈 30°的直径上两点，与该直径垂直的另一条直径上两点，因此又称为五点法。

2. 扫描式测量

扫描式测量用于非接触式测量，硅片由某种方式支撑，按规定的扫描路径及一定的取点量对硅片各处厚度进行扫描测量，然后根据测量结果计算出硅片的总厚度变化。手动扫描测量装置由一个可移动的基准环、带指示器的固定探头装置、定位器和平板组成。

如图 3.6 所示，基准环有一个圆环状基座，上面有 3 个半球形支承柱和 3 个圆柱形定位销，环厚度至少为 19mm，底面平整度在 $0.25\mu m$ 之内，外径比被测硅片大 50mm。

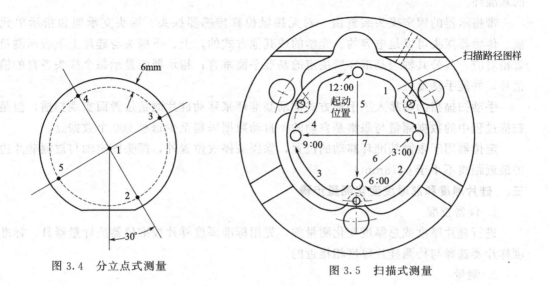

图 3.4　分立点式测量　　　　　图 3.5　扫描式测量

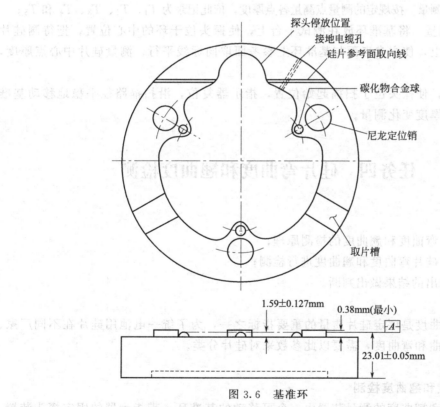

图 3.6　基准环

3 个半球形支承柱用碳化钨或与其相似的其他材料做成，在圆周上等距分布，用来确定基准平面并支撑硅片；3 个圆柱形尼龙定位销对被测硅片进行定位；基准环上设有硅片主参考面取向线，用于被测硅片定位，确定扫描起始位置；在主参考面取向线旁边是探头停放位置。

基准环按被测硅片的直径对应有不同的规格，一定直径的硅片测量只能使用相应规格的基准环。

带指示器的固定探头装置由一对无接触位移传感器探头、探头支承架和指示单元组成。传感器探头可以是电容的、光学的或其他方式的，上、下探头与硅片上下表面测量位置相对应，其公共轴与基准环所决定的基准平面垂直；指示器能显示每个探头各自的输出信号，并能手动复位。

手动扫描指的是靠人工手动方式推动基准环来移动硅片测量位置而实现扫描，但是其扫描过程中的数据测量与采集是自动的，自动数据采集至少每秒 100 个数据点。

定位器用于限制基准环移动的位置，除探头停放位置外，探头固定轴与被测硅片边缘的最近距离不小于 6.78mm。

三、硅片厚度和总厚度变化测量步骤

1. 仪器校准

进行硅片厚度或总厚度变化测量前，先用标准厚度样片校准仪器或计量器具。标准厚度样片要选择与待测硅片厚度相接近的。

2. 测量

① 分立点式测量　按规定的测量点测量各点厚度，依此记录为 T_1、T_2、T_3、T_4 和 T_5；

② 扫描式测量　将基准环放在测试平台上，使探头位于环的中心位置，把待测硅片放在环上支承柱上，使主参考面与基准环上参考面取向标线平行，测量硅片中心点厚度，记为 T_1。

移动基准环，使探头位于扫描起始位置，指示器复位，沿扫描路径平稳地移动基准环，进行硅片总厚度变化测量。

任务四　硅片弯曲度和翘曲度检测

【任务目标】
1. 掌握硅片弯曲度和翘曲度的检测原理；
2. 能正确对硅片弯曲度和翘曲度进行检测；
3. 能对检测出的结果做出判断。

【任务描述】

翘曲度和弯曲度是评定硅片质量的重要指标之一，为了统一电池用硅片在不同厂家、不同设备上的翘曲和弯曲度，需要以此参数来对硅片分类。

【任务实施】

一、硅片弯曲度和翘曲度检测

硅片弯曲度和翘曲度的测量装置由一个可移动的基准环、带指示器的固定探头装置、定位器和花岗岩平板所组成，见图 3.6。

如果是采用接触式方法测量硅片弯曲度，则需要有一个低压力位移指示器，这个位移指示器指针应处于基准环中心，可垂直于基准平面上、下移动，并指示出硅片中心点与基准平面的距离。指示器指针头部呈半球形，对被测硅片的压力不大于 0.3N。

硅片弯曲度测量可以使用接触式或非接触式方法。将硅片置于基准环的3个支点上，3个支点组成的平面成为测量的基准平面，用一个低压力位移指示器或无接触的测量探头，分别测量硅片正面和背面向上放置时中心偏离基准平面的距离，然后通过计算得到硅片的弯曲度。

将硅片置于基准环的3个支点上，3个支点组成的平面形成测量的基准平面，硅片上、下表面相对于测量仪的一对探头，沿规定路径同时对被测硅片进行扫描，成对的给出上、下探头与硅片最近表面之间的距离，求其一系列差值，差值中最大值与最小值相减后再除以2，所得数值即为被测硅片翘曲度。

硅片翘曲度形象化示意见图3.7。

二、测量步骤

1. 硅片弯曲度测量步骤

① 根据待测硅片直径选择合适的测量基准环，用厚度标准片校准仪器并调节量程。

② 如果是非接触测量，则取下上探头放入屏蔽套内。

③ 将待测硅片正面向上放于基准环上，硅片参考面与环上的标线平行，如果硅片没有参考面，在某一认定位置作标记。

④ 移动基准环，使硅片中心位于待测试位置。

⑤ 测量硅片中心所在位置，读取数值，记作 B_1，如果是非接触测量，测得结果是硅片下表面至下探头的距离。

⑥ 翻转硅片，使之背面向上并且硅片恰好位于与原来位置相对应的3个支点上，测量并读取指示器数值，记作 B_2。

2. 硅片翘曲度测量步骤

① 根据待测硅片直径选择合适的测量基准环，用厚度标准片校准仪器并调节量程。

② 将待测硅片正面向上放于基准环上，硅片参考面与环上的标线平行，如果硅片没有参考面，在某一认定位置作标记。

③ 移动基准环，使硅片处于扫描起始位置。

④ 仪器清零复位后，平稳地推动基准环，沿规定的扫描路径，成对地测量硅片上、下表面至最近探头的距离。

⑤ 读取仪器数值，如果是直读式仪器，该数值即为硅片翘曲度 W。

3. 计算

① 硅片弯曲度计算

$$B = \frac{|B_1 - B_2|}{2}$$

式中，B——硅片弯曲度；

B_1——硅片正面向上测量值；

B_2——硅片背面向上测量值。

② 硅片翘曲度计算

如果是自动测量仪器，可以直接读出硅片的翘曲度值，否则就要根据测量结果来计算硅片的翘曲度 W：

$$W = \frac{1}{2}[|(b-a)|_{\max} - |(b-a)|_{\min}]$$

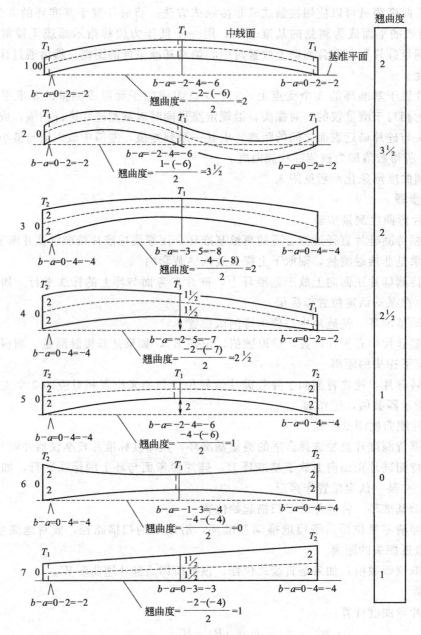

图 3.7 硅片翘曲度形象化示意图

式中 a——硅片上表面与上探头的距离；

b——硅片下表面与下探头的距离。

硅片翘曲度计算实例可以参看图 3.8。

③ 利用翘曲度测量数据，还可以计算出硅片总厚度变化 TTV。

$$TTV = \frac{1}{2}[|(b+a)|_{\max} - |(b+a)|_{\min}]$$

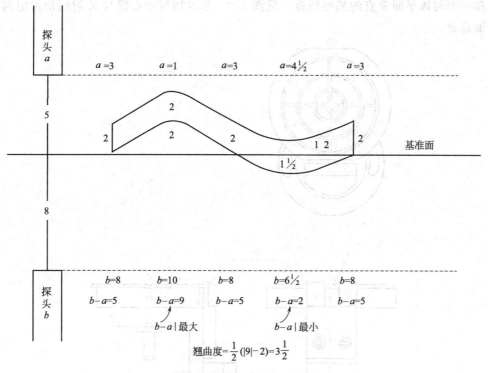

图3.8 计算硅片翘曲度实例

4. 注意事项

曲度和翘曲度是硅片形变的度量,因此测量时应保持硅片处于自由无挟持状态,即便是采用接触式方法测量硅片弯曲度,也只能施加所规定的力。

任务五 硅片参考面检测

【任务目标】

1. 掌握硅片主副参考面检测的装置及原理;
2. 能正确对硅片主副参考面方位进行检测;
3. 能对检测出的结果做出判断。

【任务描述】

在半导体器件工艺中,一般利用参考面来校准半导体器件的几何图形阵列与结晶学晶面及晶向的一致性。本任务采用 X 射线衍射进行硅片参考面方位检测,采用光学投影法检测硅片参考面长度。

【任务实施】

一、硅片参考面方位检测

1. 测量装置与方法描述

①X 射线衍射定向仪,保证入射线、衍射线、基准面(衍射面)法线和计数管窗口在同一平面内。

②样品夹具。样品夹具固定在 X 射线衍射定向仪上,包括一个具有平坦表面的真空

吸盘和一个与该平面垂直的基准挡板,见图3.9,基准挡板中心线与X射线衍射定向仪中心转轴重合。

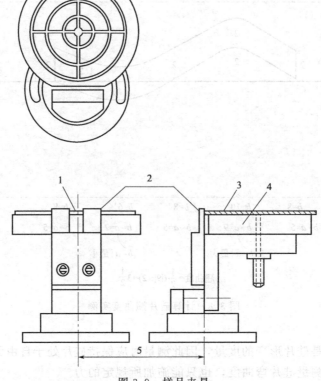

图3.9 样品夹具

1—硅片参考面；2—基准挡板；3—硅片；4—真空吸盘；
5—衍射仪中心轴（测角仪转动轴）

将硅片置于夹具上,使其主参考面紧靠基准挡板,见图3.10。当X射线射到硅片的主参考面上,在满足布喇格定律时产生衍射,根据硅片主参考面所处位置,通过测角仪读数并计算,便可测定其结晶学方向及其偏离。

2. 测量步骤

① 设置2θ角。硅片主参考面通常为（110）面,由于（110）面无衍射,取其等效面（220）,（220）面对于铜靶X射线的标准衍射角为$23°40'$,2θ角即为$47°20'$。

② 将待测硅片正面向上放入样品夹具中,使其参考面与基准挡板对齐,用真空吸盘将硅片吸住。

③ 开启X射线衍射仪高压挡,使X射线射到待测参考面上,转动测角仪,观察衍射强度到最大值。

④ 读取角度仪读数,记为Ψ_1。

⑤ 关闭X射线衍射仪高压,取下硅片,将其背面向上放入样品夹具中,使其参考面与基准挡板对齐,用

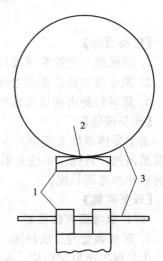

图3.10 硅片参考面和基准挡板

1—基准挡板；2—硅片参考面；3—硅片

真空吸盘将硅片吸住。

⑥ 重复步骤③，读取角度仪读数，记为 Ψ_2。

⑦ 计算角度偏离 α

$$\alpha = \frac{|(\Psi_1 - \Psi_2)|}{2}$$

二、硅片参考面长度检验

1. 测量装置与方法描述

① 光学投影仪　光学投影仪包括光学系统、载物台、显示屏和轮廓板。轮廓板由半透明材料制成，板上有两条相互垂直的基准线交于中央，在垂直基准线的中心上下标有刻度，见图 3.11。

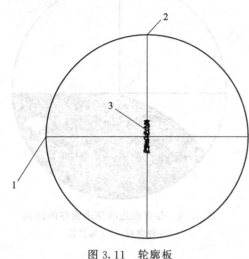

图 3.11　轮廓板
1—水平基准线；2—垂直基准线；3—刻度线

② 测微尺　由透明材料做成。

③ 钢板尺　利用光学投影仪，把硅片参考面投影到显示屏上，使参考面一端与显示屏上的基准点对准，记录测微计读数，然后调节载物台，使参考面另一端与显示屏上的基准点对准，再次记录测微计读数，两次读数之差即为所测硅片的参考面长度。

2. 测量步骤

① 校准　校准水平基准线、光学投影仪放大倍数和载物台 X 轴。

② 放置硅片　将待测硅片放在载物台上，使参考面投影图像的中心部分落在显示屏中心处。

③ 参考面投影图像调整　调节载物台，将参考面从一端移到另一端，使参考面与水平基准线 X 轴重合或平行。

如果参考面呈凸形，调节使其高点与水平基准线相切并使两端的低点与基准线等距，见图 3.12；如果参考面呈凹形，调节使其两端的高点与水平基准线相切，见图 3.13。

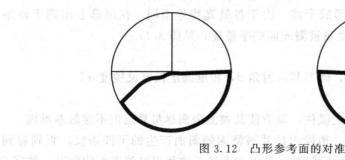

图 3.12　凸形参考面的对准

④ 测量　调节 X 轴测微计，使参考面投影图像左端与两基准线交点重合，记下测微计读数 L_1，再调节 X 轴测微计，使参考面投影图像右端与两基准线交点重合，记下测微计读数 L_2。

图 3.13　凹形参考面的对准

如果是参考面两端边缘不清晰的倒角硅片，使用偏移法确定其端点位置，见图 3.14。

任务六　硅片平整度检测

【任务目标】
1. 掌握光干涉法检测的装置及原理；
2. 能正确对硅片平整度进行检测；
3. 能对检测出的结果做出判断。

【任务描述】
平整度是评定硅片质量的指标之一。本任务采用光干涉法进行检测。

图 3.14　参考面边端使用偏移的图例
1—轮廓板；2—偏移量

【任务实施】
一、掠入射干涉仪测量原理

掠入射干涉仪由单色光源、聚焦透镜、毛玻璃散射盘、准直透镜、基准棱镜、目镜和观察屏组成，见图 3.15。真空系统包括真空泵、真空量规和真空吸盘，用于固定被测硅片。图 3.16 为干涉原理示意图。

用真空吸盘吸住被测硅片背面，硅片测量表面尽可能地靠近（两面相距约 $25\sim500\mu m$）并近似平行于干涉仪基准平面，来自单色光源的平面波受到硅片被测表面和干涉仪基准平面的反射，在空间叠加形成干涉。由于各处光程差不同，在屏幕上出现干涉条纹，分析所得到的干涉条纹，可度量被测表面的平整度，见图 3.17。

二、测量步骤

① 利用已知平整度的校准劈，调节其入射角 θ，校准确定仪器灵敏度 d。
② 检查真空吸盘平整度。
③ 将待测硅片置于真空吸盘上吸住，调节使其被测表面尽量靠近但不接触基准面。
④ 调节真空吸盘倾斜控制器，消除因硅片被测面倾斜而产生的干涉条纹，直到看到的条纹数目最少，见图 3.18。当无倾斜时，最少的干涉条纹代表被测表面的状况；数字 0 代表高的区域，2 代表低的区域；图中每种情况下峰谷值为两条条纹。
⑤ 确定被测表面最高点和最低点，读出其间完整及不完整的条纹总数目 M，当 M 太大或太小时，需要重新确定仪器灵敏度。如果 $M>10$，减小入射角，将仪器灵敏度调低一

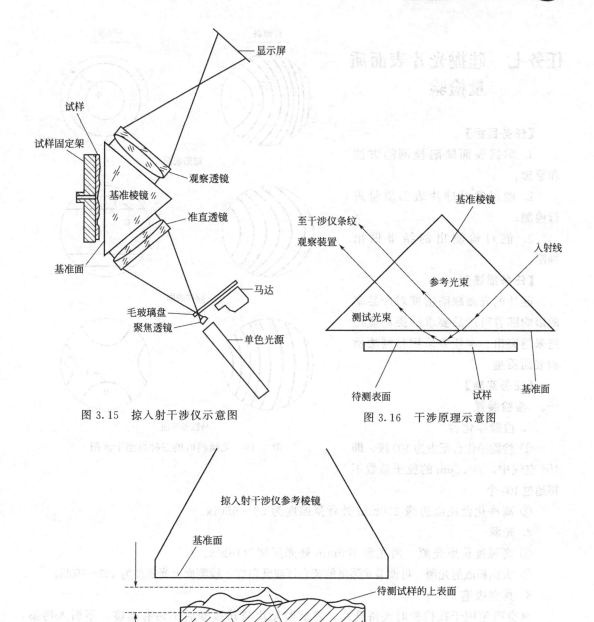

图 3.15 掠入射干涉仪示意图

图 3.16 干涉原理示意图

图 3.17 硅片表面平整度示意图

倍；如果 $M<2$，增大入射角，将仪器灵敏度调高一倍。

⑥ 计算被测硅片表面平整度 TIR

$$TIR = dM$$

式中 d——干涉仪灵敏度，μm/每条干涉条纹；

M——测量时干涉条纹总数目；

TIR——硅片平整度（总指示读数）。

任务七 硅抛光片表面质量检验

【任务目标】

1. 掌握表面缺陷检测的方法和原理；

2. 能正确对硅片表面质量进行检测；

3. 能对检测出的结果做出判断。

【任务描述】

硅片的表面缺陷密度对产品率的影响随着对产品要求的提高显得越来越突出。本任务采用目测法检验表面质量。

【任务实施】

一、检验装置

1. 检验净化台

① 检验净化台至少为 100 级，即 1ft^3 空气中，≥0.5μm 的粒子总数不得超过 100 个。

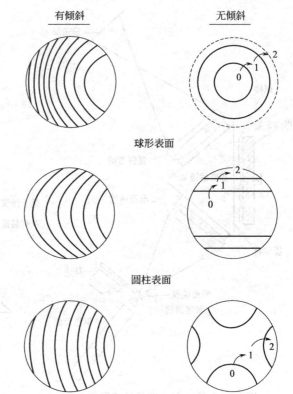

图 3.18 无倾斜时的三种典型干涉图

② 离净化台正面边缘 230mm 处背景照度为 50～650lx。

2. 光源

① 高强度狭束光源　离光源 100mm 处光照度≥16klx。

② 大面积散射光源　可调节光强度的荧光灯或乳白灯，检测面上光照度为 430～650lx。

3. 真空吸笔

真空吸笔用于在检验时夹持硅片，要求抛光片与其接触后不留有痕迹，不引入污染，笔头可拆下清洗。

4. 光照度计

光照度计用于对检验光源照度的测量。在检验净化台内，用真空吸笔吸住抛光片背面，使抛光面（或背面）向上，正对光源。适当晃动硅片，改变入射光角度，目测观察其表面状况。图 3.19 中显示了光源、被测硅片与检验人员的位置关系。光源距被测抛光片距离约 50～100mm，α 角为 45°±10°，β 角为 90°±10°。

二、检验步骤

1. 抛光片正面检验

① 用真空吸笔吸住硅片背面，使高强度狭束光源光束斑直射抛光片表面，如图 3.19 所示。适当晃动硅片，改变入射光角度，目测观察整个表面的缺陷，主要有划痕、沾污、

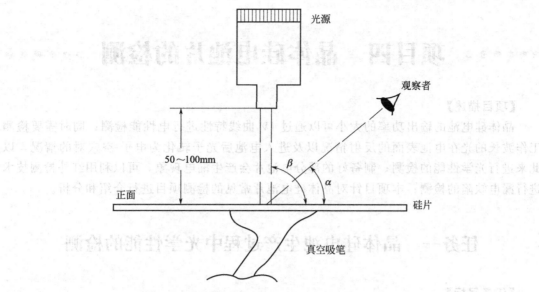

图 3.19　光源、被测硅片与检验人员的位置关系

颗粒及雾状。

② 将光源换成大面积散射光源，目测检验硅片正面的其他缺陷，如崩边、裂纹、沟槽、橘皮、鸦爪、波纹、浅坑、小丘、刀痕和条纹等。

2. 抛光片背面检验

用真空吸笔吸住硅片背面，使背面向上，在大面积散射光源下目测检验硅片背面缺陷，如边缘碎裂崩缺、沾污、裂纹、划道和刀痕等。

项目四 晶体硅电池片的检测

【项目描述】

晶体硅电池的输出功率的大小可以通过 IV 曲线特性进行电性能检测；同时需要检测工作波长的光在电池表面的反射情况以及进入电池后光子转化为电子-空穴对的情况，以此来进行光学性能的检测；制备好的部分电池片会产生漏电现象，可以利用红外检测技术进行漏电缺陷的检测；本项目针对晶体硅电池片常见的检测项目进行介绍和分析。

任务一 晶体硅电池生产过程中光学性能的检测

【任务目标】

1. 掌握紫外-可见-近红外分光光度计的检测设备及操作方法；
2. 理解多功能光度计基本原理及操作方法；
3. 掌握薄膜特性测试仪基本原理及操作方法；

【任务描述】

晶体硅电池对不同波长的光灵敏度是不同的，光谱响应所对应的入射光波长是不同的，光谱响应波长范围是 300~1100nm。本任务采用紫外-可见-近红外分光光度计进行检测及分析。

【任务实施】

太阳能电池对太阳光谱的吸收和转化效率是随着波长变化的，这种特性称为光谱特性。光谱特性通常用量子效率来表示，表示一定数量的光子入射到太阳电池上，能够产生输出多少电子。

一、紫外-可见-近红外分光光度计

（1）先选定所使用的样品支架并安装好支架。
（2）开启打印机。
（3）打开分光光度计主机开关。
（4）开启显示器和电脑主机。
（5）开机后预热半小时。
（6）将参比物放进支架。
（7）打开 Method 菜单，设定波长、扫描时间、选择数据模式（透过率、吸光度、反射率等）、扫描波长范围、扫描速度、灯的切换、基线等参数。
（8）在主画面中点击 baseline 做基线。
（9）把样品放进支架，点击 measure 按钮，进行检测。
（10）检测完毕后，从主页面中退出程序。

二、多功能光度计基本原理

图 4.1 为多功能光度计的原理图，被测的光信号由光探测器接收，产生相应的光电流

信号。光电流被转换为电压信号后进行放大,再经模数转换器转化为数字量,被微处理器读入,微处理器再将读入的数据乘以定标系数,即得到最后的测量结果。

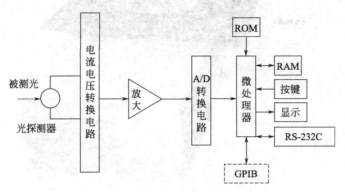

图 4.1　多功能光度计原理图

对不同的测试对象（光通量、光照度、光亮度等）,可采用不同的光采集器和光探测器,将光信号转换为光电流信号,再进行测量。测试光通量需要用光度积分球收集光,再用滤色片修正。测试光照度需要光照度探头。光照度探头由一个精密修正的探头加余弦校正器构成,如图 4.2 所示。

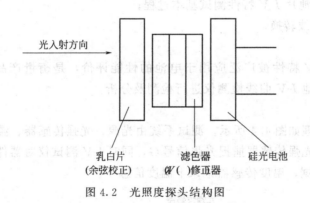

图 4.2　光照度探头结构图

三、薄膜特性测试仪

薄膜特性测试仪能够测试半导体、绝缘电介质、透明导电体、光阻材料、滤光材料和金属薄膜等薄膜材料的厚度（d）、折射率（n）、消光系数（k）。图 4.3 所示为薄膜特性测试仪外观。

折射率（n）和消光系数（k）是光的波长函数,折射率表示材料对光的折射强弱,消光系数表示材料对光的吸收能力,具有大的消光系数的材料比小的消光系数的材料对光的吸收能力强。通过直接测量样品的反射率,并通过计算机对反射率曲线进行模拟,可以计算出材料的折射率、消光系数以及薄膜的厚度。反射率谱线的测量可以用紫外可见光（波长从 190nm 到 900nm）以 $\theta \approx 5°$ 的入射角照射薄膜材料进行,而反射率谱线又是与薄膜的厚度、折射率、消光系数和基底材料有关的量。

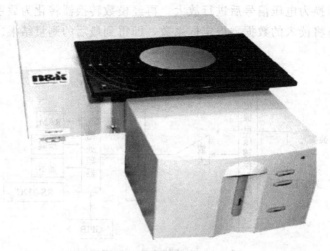

图 4.3 薄膜特性测试仪

任务二 太阳电池片 $I\text{-}V$ 特性测试

【任务目标】
1. 掌握太阳电池片 $I\text{-}V$ 特性测试基本过程；
2. 理解 $I\text{-}V$ 曲线转换。

【任务描述】
太阳电池片 $I\text{-}V$ 特性被广泛应用于电池的性能评价，是衡量产品优劣的主要参数。本任务采用太阳电池 $I\text{-}V$ 曲线检测仪进行检测及分析。

【任务实施】
测试的一般原理如图 4.4 所示。测试系统由光源、光强传感器、温度传感器和 $I\text{-}V$ 测试仪构成，其中，光强传感器捕捉光强信号 G，同时 $I\text{-}V$ 测试仪对器件进行扫描，得出一系列的 (V, I) 数据，温度传感器记录下温度信息 T。

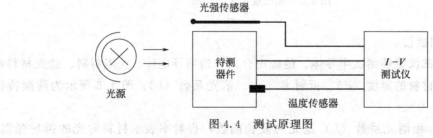

图 4.4 测试原理图

按照光源的类型，目前的 $I\text{-}V$ 测试一般可以分为户外测试、稳态太阳光模拟器测试以及脉冲式太阳光模拟器的测试。前一种测试的光源是太阳，后两种测试的光源均是人造光源。

在户内测试中，为了使人造光源的光强分布尽量地逼近 AM1.5 的光谱分布，目前的太阳光模拟器的光源大都采用氙灯，其中大部分采用单次闪光脉冲式太阳模拟器。根据

IEC 60904-3 规定，AM1.5 下的光谱可以分为 6 段，见表 4.1。

表 4.1　IEC 60904-3 规定的全球参考电池光谱分布

序号	波长范围/nm	总辐射占波长范围为 400~1100nm 的百分比/%
1	400~500	18.4
2	500~600	19.9
3	600~700	18.4
4	700~800	14.9
5	800~900	12.5
6	900~1100	15.9

根据表 4.1 提供的数据，IEC 60904-9 规定了一个对模拟器光源的判定标准，见表 4.2。其中光谱匹配度的评级取表 4.1 中 6 个波段匹配度最差的那个等级。

表 4.2　太阳光模拟器等级标准

等级	相对于表 4.1 各波段的光谱匹配度	空间均匀性	时间稳定性	
			短期稳定性	长期稳定性
A	0.75~1.25	2%	0.5%	2%
B	0.6~1.4	5%	2%	5%
C	0.4~2.0	10%	10%	10%

在进行 I-V 测试前须对仪器进行校准。测量特定环境下的 I-V 特性曲线并不难，但为了统一和比对，必须将测试结果转换到特定环境下，这对于测试环境、仪器和操作人员都提出较高的要求。

在测试中必须做到以下要求：
(1) 测试中应尽量使用高质量光源，并用权威实验室标定电池做参考电池；
(2) 使用权威实验室的标定电池做标准电池，校准测试仪器。

由于是采用特定光谱响应的标准电池去校准仪器，因此测试样品的光谱响应特性必须尽量与标准电池保持一致，否则校准会受到破坏，效率测试准确度会受到严重影响。一般说来，如果参考电池和测试样品之间的光谱响应差异很小，或者光源光谱分布和参考光谱分布相当接近时，可以认为仪器不需要校准。

如果光源光谱分布与参考光谱存在较大差距，或者参考电池与被测电池的光谱响应存在较大差距时，则必须进行校准，校准的目的是在参考电池转换后的参考光谱强度下，使被测电池的短路电流和测量值一致。因此必须确定测量环境下的有效参考光谱的强度：

$$G_{\text{eff at ref apectrum}} = MM \times G_{\text{meas}} \tag{4.1}$$

式中，G_{meas} 为参考电池以其本身光谱响应测试出的光强值；MM 为光谱失配因子，用下式计算：

$$MM = \frac{\int E_{\text{ref}}(\lambda) S_{\text{ref}}(\lambda) d\lambda \int E_{\text{meas}}(\lambda) S_{\text{sample}}(\lambda) d\lambda}{\int E_{\text{meas}}(\lambda) S_{\text{ref}}(\lambda) d\lambda \int E_{\text{ref}}(\lambda) S_{\text{sample}}(\lambda) d\lambda} \tag{4.2}$$

式中　$E_{\text{ref}}(\lambda)$——参考光谱；
　　　$E_{\text{meas}}(\lambda)$——测试环境中的光源光谱；

$S_{\text{ref}}(\lambda)$——参考器件的光谱响应；

S_{sample}——测试器件的光谱响应。

如果全光谱和全光谱响应已知，也即可以用 $I_{\text{sc}} = \int E(\lambda)S(\lambda)d\lambda$ 计算时，式（4.2）可以简化为

$$MM = \frac{I_{\text{sc,ref},E_{\text{ref}}} I_{\text{sc,sample},E_{\text{meas}}}}{I_{\text{sc,ref},E_{\text{meas}}} I_{\text{sc,sample},E_{\text{ref}}}} \tag{4.3}$$

式中 $I_{\text{sc,ref},E_{\text{ref}}}$——参考器件在参考光谱下的短路电流；

$I_{\text{sc,sample},E_{\text{meas}}}$——测试样品在测试光谱下的短路电流；

$I_{\text{sc,ref},E_{\text{meas}}}$——参考器件在测试光谱下的短路电流；

$I_{\text{sc,sample},E_{\text{ref}}}$——测试样品在参考光谱下的短路电流。

在自然太阳光下测量，必须保证在一次测量期间总辐照度（直接辐射＋天空散射）的不稳定度不大于±1%。若要求测量结果仍以标准测试条件为参照，则辐照度应不低于800W/m²。标准太阳电池应尽可能靠近被测样品安装，并在同一平面内，两者均应和直射太阳光束相垂直，偏差应在10°以内。记录被测样品的电流-电压特性及温度，并同时记录标准太阳电池的短路电流和温度。如果不能控制温度，应把试样和标准太阳电池遮挡起来，避免太阳光和风的影响，直到它们的温度和周围空气温度一致。拿掉遮挡物，立即测量。

在稳态模拟太阳光下测量应注意如下事项。

（1）标准太阳电池的有效面应安装在测试平面内，它的法线与光束的中心线平行，偏差小于±5°。

（2）调整测试平面上的辐照度，使标准太阳电池的短路电流达到所要求的标定值。

（3）拿掉标准太阳电池，安装被测样品。

（4）在不改变太阳模拟器设置的条件下记录试样的电流-电压特性及温度。如果温度不能调控，就应把试样或标准太阳电池遮挡起来，使它不受光束的照射，直到太阳电池的温度与周围空气温度一致，偏差在±2℃内，拿掉遮挡物立即测量。

在脉冲模拟太阳光下测量应注意如下事项。

（1）试样要尽可能靠近标准太阳电池安装，使它们的有效面都在测试平面内，它们的法线都和光束中心线平行，偏差小于±5°。

（2）调整测试平面上的辐照度，使标准太阳电池的短路电流达到所需的标定值。

（3）记录试样的电流-电压特性及温度（若试样温度与环境温度一致，即环境温度）。采集两个数据的时间间隔应足够长，以保证测试样品的响应时间，从而避免因数据采集速率引起的误差。

在采用脉冲太阳光模拟器的情况下，在触发氙灯点亮后，闪光经历以下3个阶段。

① 在很短的一段时间内（大约1 ms），光强从零增至最大（约一个太阳强度）。在这段时间里，灯管里的等离子体是不稳定的，这时的PV组件处于一个瞬变的工作状态，不能进行 I-V 数据收集。

② 光强增至最大后，将有一段稳定期。

③ 随后光强逐渐缓慢衰减。

在实际测量中,只有当光强处于稳定期时才能开始测量。由于不同类型电池的响应时间(电池从光照到正常输出的时间)不同,要求在测试时根据电池的具体性能,选择合适的脉冲或者稳态光源,准确测试电池的性能。

在实际测量中,测试环境一般都偏离了 STC 的环境,尤其是户外测试。对于在室内采用太阳光模拟器的情况,在测试过程中其光强也很难精确为 $1000\mathrm{W/m^2}$,而且样品的实际温度也难以控制在 25℃。因此,需要对已测得的 I-V 曲线修正到 STC 状态下,也即光强为 $1000\mathrm{W/m^2}$,温度为 25℃。

在对 I-V 曲线修正之前,必须先对光强进行计算。对于采用参考电池做光强检测器的方法,按照 IEC 60904-2,其光强可用下式进行计算:

$$G = \frac{1000 I_{\mathrm{RC}}}{I_{\mathrm{RC,STC}}} [1 - \alpha_{\mathrm{RC}} (T_{\mathrm{RC}} - 25℃)] \tag{4.4}$$

式中　G——通过参考电池获得的光强,$\mathrm{W \cdot m^{-2}}$;

　　　I_{RC}——参考电池实际测量值,A 或者 mA;

　　　$I_{\mathrm{RC,STC}}$——STC 下的参考电池的校准电流值,A 或者 mA;

　　　α_{RC}——参考电池的温度系数,$\mathrm{K^{-1}}$;

　　　T_{RC}——参考电池的实际温度,℃。

在计算出实际的光强之后,才可以进行下一步的曲线修正。曲线修正采用下列式子:

$$I_2 = I_1 + I_{\mathrm{SC}} \left(\frac{G_2}{G_1} - 1 \right) + \alpha (T_2 - T_1) \tag{4.5}$$

$$V_2 = V_1 - R_{\mathrm{S}} (I_2 - I_1) - \kappa I_2 (T_2 - T_1) + \beta (T_2 - T_1) \tag{4.6}$$

式中　I_1,V_1——测试的结果;

　　　I_2,V_2——(I_1,V_1)点相应的转换值;

　　　G_1——通过参考电池测出来的光强;

　　　G_2——标准光强或者准备转换的目标光强;

　　　T_1——测试样品的实际温度;

　　　T_2——标准温度或者准备转换的目标温度;

　　　I_{SC}——测试样品在 G_1、T_1 下测得的短路电流;

　　　α,β——在某温度区间内标准光强或者目标光强下的电流、电压温度系数;

　　　R_{S}——测试样品的内部串联电阻;

　　　κ——曲线修正因子。

一般而言,式(4.5)仅当在 I-V 测试的全部过程中光强恒定才有效。对于大部分的测试环境,在测试过程中其光强会抖动,特别是脉冲式太阳光模拟器,在测试的过程中光强会不断地衰减。因此式(4.5)不适用于这种情况。为了进行 I-V 曲线修正,测试获得的所有 I-V 数据必须先修正到一个等效光强点。对于这种情况,必须对测试样品的短路电流乘上一个比例系数。因此,式(4.5)可修正到以下形式:

$$I_2 = I_1 + \frac{G'_1}{G_{\mathrm{SC}}} I_{\mathrm{SC}} \left(\frac{G_2}{G_1} - 1 \right) + \alpha (T_2 - T_1) \tag{4.7}$$

式中，G_{SC} 为测试样品短路电流时的光强；G'_1 为测试 (I_1, V_1) 时的光强。

一般太阳电池的测试结果如图 4.5 所示。实线为测试结果的电流-电压特性曲线，虚线为测试结果的功率—电压曲线。

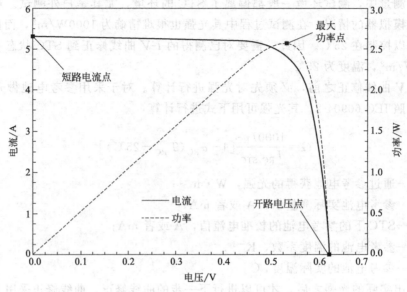

图 4.5 电池的 I-V 特性曲线

一般而言，在测试结果中可以得到器件的特征参数。各特征参数的定义如下。

① 效率 η，指器件光电转换的最大功率与投射到器件表面辐射功率的比值，也即

$$\eta = \frac{P_{mpp}}{P_{in}} = \frac{V_{OC} \cdot I_{SC} \cdot FF}{P_{in}} \tag{4.8}$$

② 开路电压 V_{OC}，指 I-V 曲线中的电流零点的电压值，如图 4.5 所示。表示电池在标准条件下，正负电极没有导通时的输出电压，也是电池能够输出的最大电压值，作为一个电源器件，输出电压值范围是必须明确表明才能使用，正常晶体硅电池的 V_{OC} 大约在 0.6~0.7V。V_{OC} 值主要受到电池并联电阻的影响，如果电池内部出现局部的短路漏电，或者出现严重的复合区域，那么 V_{OC} 值将出现明显下降。开路电压受温度的影响比较明显，在测试中要准确设定温度系数，并准确测量电池温度进行修正。

③ 短路电流 I_{SC}，指 I-V 曲线中的电压零点的电流值，表示电池在标准条件下导通正负电极（外部电阻为 0）时电池输出的电流，也是电池能够输出的最大电流值，在正常情况下短路电流约等于电池的光生电流，所以短路电流与光照的强度成正比，在测试中必须准确地测量光照强度，并对短路电流进行修正，才能获得准确的数据。短路电流主要反映了电池吸收光子并将其转化为电流的能力。

④ 最大功率点 P_{mpp}，指器件进行光电转换的最大输出功率。P_{mpp} 是用户最关心的参数，P_{mpp} 与输入光功率的比值即是电池的能量转换效率。一般在电池生产线上，电池制作完成后，会根据功率大小进行分挡并出售。

⑤ 最大功率点电压 V_{mpp}，指器件进行光电转换的最大功率的电压，可认为是电池正

常工作的电压值。

⑥ 最大功率点电流 I_{mpp},指器件进行光电转换的最大功率的电流,是电池在标准条件下正常工作的电流值,应注意的是电池在实际工作中的电流值是随外部光照强度而变化的。

⑦ 填充因子 FF,指最大功率点与开路电流和短路电流乘积之比,用以形象描述 I-V 曲线的"矩形"程度。在理想条件下,IV 曲线接近矩形,FF 应该接近 1,IV 曲线倾斜越大,FF 数值越小。FF 主要受到电池串联电阻和并联电阻的影响,一般电池的 FF 值为 0.7~0.8。从 IV 曲线不同的倾斜情况及 FF 的数值,可以大概判断电池的串联电阻和并联电阻的高低好坏。

$$FF = \frac{P_{mpp}}{V_{OC} I_{SC}} \tag{4.9}$$

根据太阳电池的等效电路模型,一般的测试结果还会给出电池的串联电阻 R_S 和并联电阻 R_{SH},如图 4.6 所示。

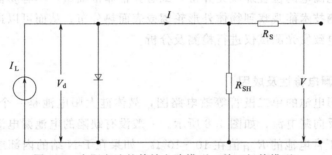

图 4.6 太阳电池的等效电路模型(单二极管模型)

一般认为,串联电阻包括了栅线电阻(包括主栅和细栅)、电极与硅片的接触电阻、发射区薄层电阻以及基区电阻。而并联电阻则主要由 P-N 结的漏电效应引起,包括了电池边缘的漏电以及由晶体缺陷和外来杂质沉淀引起的内部漏电。串联电阻和并联电阻的异常都可能导致填充因子的降低,进而降低器件的转换效率和功率输出。图 4.7 展示了不同

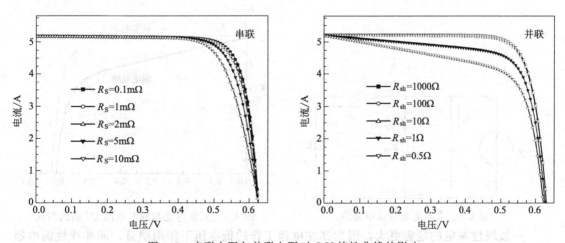

图 4.7 串联电阻与并联电阻对 I-V 特性曲线的影响

串联电阻和并联电阻对 I-V 曲线的影响。

由于电池的性能（主要是电压和电流）受到温度的影响明显，所以需要规定测试的温度（标准条件是 25℃），在实际中，温度的变化需要实时测量。一般采用热电偶温度探头测量电池附近的环境温度或者载物台温度，作为电池温度的近似值。

任务三　电池漏电缺陷的红外检测技术

【任务目标】

1. 理解电池漏电特性及成因；
2. 掌握漏电电池的检测方法及定位；
3. 理解红外检测设备举例。

【任务描述】

绝大部分电池漏电的位置外观无异常，或者异常非常细微，不容易被肉眼发现。利用红外成像无损检测技术能观察到物体外形轮廓或表面热分布，从而可以进行漏电缺陷的检测。本任务采用电致发光测试仪进行检测及分析。

【任务实施】

一、晶体硅电池漏电特性及成因

图 4.8 是太阳电池的单二极管等效电路图，晶体硅太阳电池是一个 P-N 结器件，理论上存在一定的反向漏电流，如图 4.8 所示。一般没有缺陷的电池漏电流很小，以并联电阻 R_{SH} 来表征，正常电池的 R_{SH} 值在 $10 \sim 10^2 \Omega$。如果在 P-N 结的内部或边缘存在连通 P 型层和 N 型层的通道，光生电流就会沿着这些通道形成内部回路，大大降低对外输出的功率，从图 4.8 上看最明显的特点就是 R_{SH} 变得很小。图 4.9 是正常电池与漏电电池的 IV 曲线对比，可以看到，漏电使得电池的填充因子 FF 大幅下降，开路电压明显下降，短路电流也略有下降。如果在 P-N 结的内部或边缘存在晶格缺陷、杂质聚集区，光生电流就会在这些区域产生强烈的复合，也会产生类似的效应，这类缺陷统称为漏电缺陷。

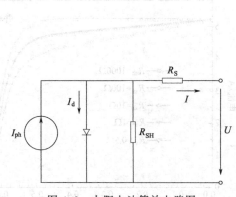

图 4.8　太阳电池等效电路图

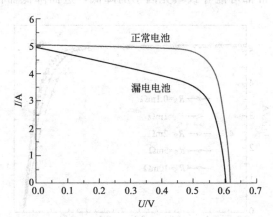

图 4.9　正常电池与漏电电池 IV 曲线对比

一般线性漏电的危害更大，因为其在电池工作的低电压下作用明显，而非线性漏电通常在电池正常工作电压下并不明显。

图 4.10 导致电池漏电的硅片微裂纹显微图（图中右上角为电极区）

晶体硅电池中产生漏电的原因涉及从硅材料到电池制作工艺各个环节，其中又以在印刷烧结工艺中诱发的漏电为最多。虽然生产厂家在各个环节会进行针对性的补救和完善，但是不可能完全消除电池上的漏电缺陷。由于电池表面各处是连通的，电池表面其他区域光生电流大量流向低阻漏电通道，可以使电池的效率受到不同程度的损害，最高可降低50%以上，这类电池的并联电阻 R_{SH} 一般小于10，很多小于 1Ω（正常电池为 $10\sim10^2\Omega$）。

二、漏电电池的检测及定位

通过 I-V 测试和电池的反向漏电流测量，可以便捷地判断电池是否漏电，但是如何寻找漏电的位置是一个相对困难的工作，例如图4.10中的硅片微裂纹。在红外光图像中，漏电区域的异常表现就非常容易被分辨出来，如图4.11所示。

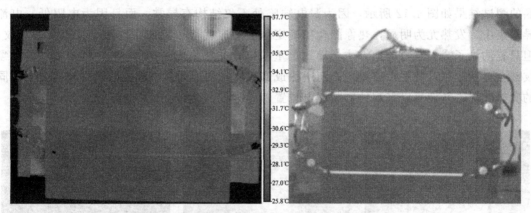

图 4.11 漏电电池红外热像图及可见光图像对比

描述物体温度与热辐射功率的斯蒂芬-玻尔兹曼定律为

$$P=\varepsilon\sigma T^4 \tag{4.10}$$

式中，P 为单位面积辐射功率，W/m^2；ε 为物体表面发射率；σ 为斯蒂芬-玻尔兹曼常数，其数值为 $5.673\times10^{-8}W/(m^2\cdot K^4)$；$T$ 表示物体表面绝对温度，K。

描述物体中热扩散的热传导微分方程为

$$\frac{\partial T}{\partial t}=\frac{\lambda}{\rho c}\left(\frac{\partial^2 T}{\partial x^2}+\frac{\partial^2 T}{\partial y^2}+\frac{\partial^2 T}{\partial z^2}\right) \tag{4.11}$$

式中，T 表示物体表面绝对温度，K；t 为时间，s 或 h；λ 为热导率，$W/(m\cdot K)$；

ρ为密度 kg/m³；c为物质比热容，J/（kg·K）。

因此，如果对太阳电池以某种形式（比如施加外部电压）注入能量，在电池内部将形成温度场分布，如果电池存在内部缺陷、裂缝或者漏电区域，它们的温度就会与周围正常区域形成差异。不同温度的物体发射不同的光谱，通过高灵敏度红外热像仪可以接收热红外辐射（波段约7～14μm），形成温度分布图（热像图），可以发现并确定缺陷、裂缝或者漏电区域的位置。

漏电区产生的热量会很快向周围扩散，形成温度梯度分布，电池漏电处一般只是电极栅线上一个小点，但是在红外热像图上却形成一大块热斑，不能很直观地精确定位。为了精确确定漏电区域位置、大小和形状，国外研究人员在红外热像技术上综合了锁相技术，取得了非常良好的效果。

红外检测技术除了采用热成像，还可以采用电致发光（EL）以及光致发光（PL）成像。EL/PL利用电流注入、光照等激励在电池中激发电子空穴对，随后被激发的电子和空穴复合，向外发射光子，这些光子的能量一般比热辐射光子要高。一般采用3～5μm中短波段的红外摄像仪来拍摄发光图像，检测电池和硅片上的各种缺陷。与热成像相比，PL和EL因为其短波红外光可以穿透玻璃，在组件的检测方面更受到重视；同时PL由于不需要电极连接，在硅片及电池半成品的缺陷监测方面独具优势。

但是在检测漏电缺陷方面红外热成像相对于EL/PL具有更好的效果，三者对同一样品的测试结果如图4.12所示，因为漏电缺陷处不仅结构有异常，而且因为电阻低、电流异常集中，发热尤为明显，热像图在精确定位上更有优势。例如在硅片上有很多微裂纹，但只有沾染了金属浆料的地方才会导致严重漏电，如果用EL/PL检测，那么所有的微裂纹都会显示出来，几乎没有差别；而用热成像检测，则不同漏电程度的微裂纹会显示不同的发热状况，从而可以直观地判断漏电位置和漏电程度。

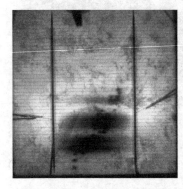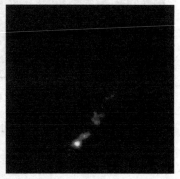

图4.12 同一片电池的EL（左）、PL（中）和锁相热像图（右）对比图

【知识拓展】 晶体硅电池的生产和检测

最常见的晶体硅太阳电池的电池生产工艺路线为：将晶体硅片进行清洗→制绒→甩干→检测反射率→扩散制结→检测方块电阻→PECVD→检测少子寿命→印刷电极→烧结→检测电性能参数。

一、表面制绒

单晶硅绒面的制备是利用硅的各向异性腐蚀，在每平方厘米硅表面形成几百万个四面方锥体，也即金字塔结构。由于入射光在表面的多次反射和折射，增加了光的吸收，提高了电池的短路电流和转换效率。单晶硅的各向异性腐蚀液通常用热的碱性溶液，可用的碱有氢氧化钠、氢氧化钾、氢氧化锂和乙二胺等。大多使用廉价的浓度约为1%的氢氧化钠稀溶液来制备绒面硅，腐蚀温度为70～85℃。为了获得均匀的绒面，还应在溶液中酌量添加醇类如乙醇和异丙醇等作为络合剂，以加快硅的腐蚀。制备绒面前，硅片须先进行初步表面腐蚀去除表面的损伤层，用碱性或酸性腐蚀液蚀去约 $20\sim25\mu m$，在腐蚀绒面后，进行一般的化学清洗。经过表面准备的硅片都不宜在水中久存，以防沾污，应尽快扩散制结。

多晶硅绒面的制备是利用酸来制取绒面，主要是用 $HF:HNO_3:H_2O$ 按一定比例配制溶液，并且还需要在制备过程中要控制温度的高低。制备绒面前，硅片须先利用 HF 酸进行清洗，在腐蚀绒面后，用 NaOH、HF、HCl 等分步进行化学清洗。

二、扩散制结

扩散炉为制造太阳电池 PN 结的专用设备。管式扩散炉主要由石英舟的上下载部分、废气室、炉体部分和气柜部分等组成。扩散一般用三氯氧磷液态作为扩散源。把 P 型硅片放在管式扩散炉的石英容器内，在 850～900℃高温下，使用氮气将三氯氧磷带入石英容器，通过三氯氧磷和硅片进行反应，得到磷原子。经过一定时间，磷原子从四周进入硅片的表面层，并且通过硅原子之间的空隙向硅片内部渗透扩散，形成了 N 型半导体和 P 型半导体的交界面，也就是 PN 结。这种方法制出的 PN 结均匀性好，方块电阻的不均匀性小于 10%，少子寿命可大于 10ms。制造 PN 结是太阳电池生产最基本也是最关键的工序。因为正是 PN 结的形成，才使电子和空穴在流动后不再回到原处，这样就形成了电流，最后用导线将电流引出。

三、去磷硅玻璃

该工艺通过把硅片放在氢氟酸溶液中浸泡，使其生成可溶性的络合物六氟硅酸，以去除扩散制结后在硅片表面形成的一层磷硅玻璃。在扩散过程中，$POCl_3$ 与 O_2 反应生成 P_2O_5 淀积在硅片表面。P_2O_5 与 Si 反应又生成 SiO_2 和磷原子，这样就在硅片表面形成一层含有磷元素的 SiO_2，称之为磷硅玻璃。氢氟酸能够溶解二氧化硅是因为氢氟酸与二氧化硅反应生成易挥发的四氟化硅。若氢氟酸过量，反应生成的四氟化硅会进一步与氢氟酸反应生成可溶性的络合物六氟硅酸。

四、等离子刻蚀

由于在扩散过程中，即使采用背靠背扩散，硅片的所有表面包括边缘都将不可避免地扩散上磷。PN 结的正面所收集到的光生电子会沿着边缘扩散有磷的区域流到 PN 结的背面，而造成短路。因此，必须对太阳电池周边的掺杂硅进行刻蚀，以去除电池边缘的 PN 结。通常采用等离子刻蚀技术完成这一工艺。等离子刻蚀是在低压状态下，反应气体 CF_4 的母体分子在射频功率的激发下电离，形成等离子体。等离子体是由带电的电子和离子组成，反应腔体中的气体在电子的撞击下，除了转变成离子外，还能吸收能量并形成大量的活性基团。活性反应基团由于扩散或者在电场作用下到达 SiO_2 表面，在那里与被刻蚀材料表面发生化学反应，并形成挥发性的反应生成物脱离被刻蚀物质表面，被真空系统抽出腔体。

五、镀减反射膜

抛光硅表面的反射率为 35%，为了减少表面反射，提高电池的转换效率，需要沉积一层氮化硅减反射膜。现在工业生产中常采用 PECVD 设备制备减反射膜。PECVD 即等离子增强型化学气相沉积。它的技术原理是利用低温等离子体作能量源，样品置于低气压下辉光放电的阴极上，利用辉光放电使样品升温到预定的温度，然后通入适量的反应气体 SiH_4 和 NH_3，气体经一系列化学反应和等离子体反应，在样品表面形成固态薄膜即氮化硅薄膜。一般情况下，使用这种等离子增强型化学气相沉积的方法沉积的薄膜厚度在 70nm 左右。这样厚度的薄膜具有光学的功能性。利用薄膜干涉原理，可以使光的反射大为减少，电池的短路电流和输出就有很大增加，效率也有相当的提高。

六、丝网印刷

太阳电池经过制绒、扩散及 PECVD 等工序后，已经制成 PN 结，可以在光照下产生电流，为了将产生的电流导出，需要在电池表面上制作正、负两个电极。制造电极的方法很多，而丝网印刷是目前制作太阳电池电极最普遍的一种生产工艺。丝网印刷是采用压印的方式将预定的图形印刷在基板上，该设备由电池背面银铝浆印刷、电池背面铝浆印刷和电池正面银浆印刷三部分组成。其工作原理为：利用丝网图形部分网孔透过浆料，用刮刀在丝网的浆料部位施加一定压力，同时朝丝网另一端移动。油墨在移动中被刮刀从图形部分的网孔中挤压到基片上。

七、快速烧结

经过丝网印刷后的硅片，不能直接使用，需经烧结炉快速烧结，将有机树脂粘合剂燃烧掉，剩下几乎纯粹的、由于玻璃质作用而密合在硅片上的银电极。当银电极和晶体硅在温度达到共晶温度时，晶体硅原子以一定的比例融入熔融的银电极材料中去，从而形成上下电极的欧姆接触，提高电池片的开路电压和填充因子两个关键参数，使其具有电阻特性，以提高电池片的转换效率。烧结工艺分为预烧结、烧结、降温冷却 3 个阶段。预烧结目的是使浆料中的高分子粘合剂分解、燃烧掉，此阶段温度慢慢上升；烧结阶段中烧结体内完成各种物理化学反应，形成电阻膜结构，使其真正具有电阻特性，该阶段温度达到峰值；在降温冷却阶段玻璃冷却硬化并凝固，使电阻膜结构固定地粘附于基片上。

习 题

1. 分析晶体硅太阳电池的生产工艺过程，以及各主要工序的基本要求与原理。
2. 在镀减反膜的工序中，哪些项目必须进行检测？它的作用是什么？
3. 分析紫外分光光度计的吸收原理与工作原理。
4. 分析太阳电池 $I\text{-}V$ 特性测试仪的工作原理，并分析太阳电池各特征参数的含义。

项目五　光伏组件的检测

【项目描述】

光伏组件封装可以增强太阳电池对各种环境影响的抵抗强度，使太阳电池寿命得到保证，性能得到充分发挥。封装的结构、外形、发电效率等对于组件在各种环境下使用具有直接的影响，所以光伏组件的各项检测非常重要。本项目讲解光伏组件外观检测、电性能检测、EVA 交联度的检测、高低温老化试验的检测。

任务一　光伏组件在生产过程中的检测

【任务目标】

1. 掌握太阳电池的外观检测要求；
2. 理解 EVA 材料、钢化玻璃等材料的检测标准；
3. 理解组件的电性能检测；

【任务描述】

光伏组件在生产过程中所需材料的性能对光伏组件最终质量起到决定作用。要保证产品的质量，就必须对相关材料进行针对性检测，本任务介绍了对所需材料的质量要求及检验方式。

【任务实施】

一、太阳电池的外观检验要求

（1）电池外观颜色，在与表面成 35°角光照下观察表面颜色，呈"褐、紫、蓝"三色，目视颜色均匀，无明显色差、水痕、手印。

（2）电极图形清晰、完整、无断线，背面铝电极完整，无明显凸起的"铝珠"。

（3）电池受光面不规则缺损处面积小于 $1mm^2$，数量不超过 2 个。

（4）电池边缘缺角面积不超过 $1mm^2$，数量不超过 2 个。

（5）电池片上不允许出现肉眼可见的裂纹。

（6）正放电池片于工作台上，以塞尺测量电池的弯曲度。

二、EVA 材料

EVA 是一种热融胶粘剂，常温下无黏性，便于操作，在一定条件下会发生熔融粘接与交联固化，肉眼观察完全透明。固化后的 EVA 能承受大气变化且具有弹性，它将电池片组完全包封，并和上层保护材料（玻璃）、下层保护材料（聚氟乙烯复合膜）粘合为一体。它和玻璃粘合后能提高整体透光率，起着增透的作用，对太阳电池组件的输出有增益作用。

EVA 主要根据透光性能和耐候性能进行选择，质量要求及检验内容如下。

（1）外观检验　EVA 表面无折痕、无污点、平整、半透明、无污迹、压花清晰。

(2) 用精度 0.01mm 的测厚仪测定　在幅度方向至少测 5 点，取平均值，允许公差为±0.03mm；用精度 1mm 的钢尺测定，允许公差为±3.0mm。

(3) 透光率检验　取胶膜尺寸为 50mm×50mm，用 50mm×50mm×1mm 的载玻璃，将玻璃/胶膜/玻璃三层叠合；将上述样品置于层压机内，加热到 100℃，抽真空 5min，然后加压 0.5MPa，保持 5min；再放入固化箱中，按产品要求的固化温度和时间进行交联固化，然后取出，冷却至室温，按 GB2410 规定进行检验。

三、玻璃纤维、背板 TPT 检验

(1) 包装检验　目视检验包装良好，确认生产厂家、规格型号以及保质期，TPT 背板膜的保质期一般为 1 年。

(2) 外观检验　目视外观，检验背板表面无黑点、污点，无褶皱、折痕，无污迹、空洞等。

(3) 尺寸检验　测量宽度误差为±2mm，厚度误差为±0.02mm。

(4) 与 EVA 的粘接强度检验　检验方法同 EVA 胶膜检验方法中剥离强度检验方法。

(5) 背板层次的粘接强度检验　用刀片划开背板夹层，夹紧一边，另一边用拉力计测试，结果大于 20N 为合格。

四、钢化玻璃的检测

(1) 钢化玻璃标准厚度为 3.2mm，允许偏差 0.2mm；

(2) 钢化玻璃的尺寸为 1574×802mm，允许偏差 0.5mm，两条对角线允许偏差 0.7mm；

(3) 钢化玻璃内部不允许有长度小于 1mm 的气泡。对于长度大于 1mm，不大于 6mm 的气泡每平方米不得超过 6 个；

(4) 不允许有结石、裂纹、缺角的情况发生；

(5) 钢化玻璃在可见光波段内透射比不小于 90%；

(6) 钢化玻璃表面每平方米内宽度小于 0.1mm，长度小于 50mm 的划伤不多于 4 条。每平方米内宽度 0.1~0.5mm、长度小于 50mm 的划伤不超过 1 条；

(7) 钢化玻璃不允许有波型弯曲，弓型弯曲不允许超过 0.2%。

五、接线盒

主要用于将插座、接线帽、防护板、盒盖等部件及光伏组件有效连接。同时，避免内部器件受到外界影响，以及防止由于触碰到盒内带电部件而受到伤害。

六、组件的电性能检测

组件包含多个串并联的电池，面积一般比较大，达到 1~2m^2，从电学性能上，组件的电压是串联电池电压之和，组件电流是并联电池电流之和，组件的电流电压值可根据需要通过电池串并联设计实现。一般标准组件的电压值为几十伏，电流值为几安到十几安，所以组件测试仪的电流、电压量程比电池测试仪大。

由于组件的面积较大，因此在测试的光强均匀度上，组件测试仪的性能比电池测试仪普遍要差一些。组件测试一般固定在台架上，很少采用类似电池测试的控温载物台对温度进行精确控制，可采用室温控制，精度要稍差一些。

任务二 光伏组件的电性能测试

【任务目标】
1. 了解太阳电池组件测试仪基本构成；
2. 掌握太阳电池组件检测仪的正确使用。

【任务描述】
光伏组件作为太阳能发电系统的核心产品，其电性能参数是衡量光伏产品质量的重要参数之一。本任务采用电池组件 I-V 测试仪进行检测及分析。

【任务实施】
目前市场上的光伏组件除了采用常规晶体硅电池，还有一些采用了特殊结构的高效晶体硅电池，还有多个类型的薄膜电池组件，这些新结构和薄膜组件往往对测试的光照时间有较高的要求，有些甚至要求采用稳态光源才能获得准确的结果，这对脉冲光源的脉冲时间宽度提出了新的要求，采用稳态光源在均匀性和稳定性上有较大难度，目前只有少数厂商能够提供而且价格高昂。

一、Optosolar 太阳电池组件测试仪简介

图 5.1 是 Optosolar 太阳能组件测试仪实物照片，左边是模拟太阳光源的脉冲氙灯和高压电源箱。右边是控制与采集系统，由上到下分别为显示器、键盘、保险盒、电子测量器和补偿电压器、电脑主机。系统还包括一个测试暗室，一个安装了标准电池的组件挂架，温度测量采用热电温度计，电流、电压和温度数据都输入到电子测量器，再接入电脑显示。

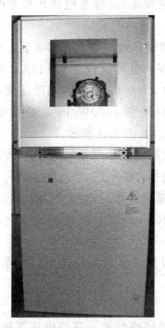

图 5.1 Optosolar 太阳能组件测试仪照片

该系统配备的标准电池为美国生产的单晶硅标准电池，输出电压作为测量结果，可应用于单晶硅和多晶硅电池组件的测试。

在测试前，需要根据试样的性能在测试菜单中设定测试参数，主要包括电流、电压量程和电流、电压温度系数，实际辐照度，转换温度和辐照度，补偿电压值。

在测试中，脉冲氙灯的点亮经历 3 个阶段：约 1ms 的上升期，约 7ms 的稳定期和约 20ms 的降落期。系统的测量是在中间稳定期进行的，可以从 V_{OC} 到 I_{SC} 或 I_{SC} 到 V_{OC} 进行扫描。电子测量器里设有电子负载和内部数据转换器，在每一次测试中，辐照度 G、电压 V 和电流 I 这三组数据通过 16 位数据转换器同时获得。通常每一次测试要经历两次闪光，第一次得到 V_{OC} 和 I_{SC}，第二次才进行 I-V 扫描。在 I-V 扫描完后，系统还将测量两个温度：组件温度、参考电池温度。

测试仪最终显示的测试结果并非原始数据，而是按设定的参数根据 IEC 60891 转换后的数据。因为在数据采集的闪光稳定期，光强仍会有很细微的波动，所以首先做光强修正，将所有的 I-V 数据转换成在同样不变的平均光强下的数据，这一平均光强由系统根据稳定期光强自动获得（也可由用户定义），还会包含组件串联电阻的修正。

转换后得到的测试结果包括：I-V 曲线，短路电流 I_{SC}，开路电压 V_{OC}，最大功率 P_{max}，最大功率电压值 V_{pmax}，最大功率电流值 I_{pmax}，填充系数 FF 和指定点的电流、电压值。另外，根据运算还可以得到组件的串并联电阻 R_S、R_{SH}。

二、 对一个典型电池组件的标准测试过程和数据分析

1. 测试过程

首先将组件固定在样品架上，正对氙灯；正确连接与电子测量仪的正负极接线；将热电偶温度探头紧贴在组件背面（注意不要用手去拿探头）；检查组件和参考电池没有被遮挡；检查暗室无明显的反射体和与外界的隔光。

开启测试仪电源，开启各个仪器，进入测量软件系统（输入操作者名，密码，选择专家模式）。设置测量菜单参数，电压量程选 0～26V，电流量程选 0～10A，电压温度系数 $\beta = -0.0022 \times 36 = -0.0792$V/K，电流温度系数 $\alpha = 0.03\%$/K，辐照度选 113（折合光强 900～1000W/m^2），转换温度 25℃，转换辐照度 1000W/m^2，补偿电压设 3（约 1.6V）。操作系统界面和测量参数设置菜单如图 5.2、图 5.3 所示。

预测试：先选择"Get Intensity"实测氙灯辐照度，尽可能接近 1000W/m^2（一般选择略小，差值不能超过设定值的 20%）；接下来选择"Get I_{SC}"或"GetV_{OC}"，检查是否异常，如果电极接错或补偿电压不合适，系统会提示；然后选择"Optimise ranges"，系统通过几次闪光预测，优化量程；再选择"Find Rampend"，系统通过多次闪光寻找 I-V 曲线的端点。

最后选择"V-I"测量 I-V 曲线，经过两次闪光后显示测量结果，选择"save measurement report"保存到 Excel 文件。

2. 测试结果

I-V 曲线越接近矩形其填充因子越高，相同的短路电流、开路电压下输出功率越大，效率也越高。如果电池内阻或者接线电阻过大，或者电池被遮挡，则矩形曲线会向斜线变

项目五 光伏组件的检测

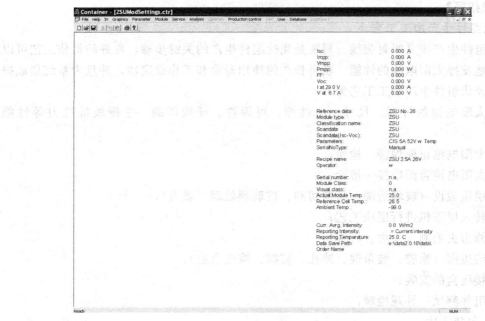

图 5.2 测试仪操作系统界面

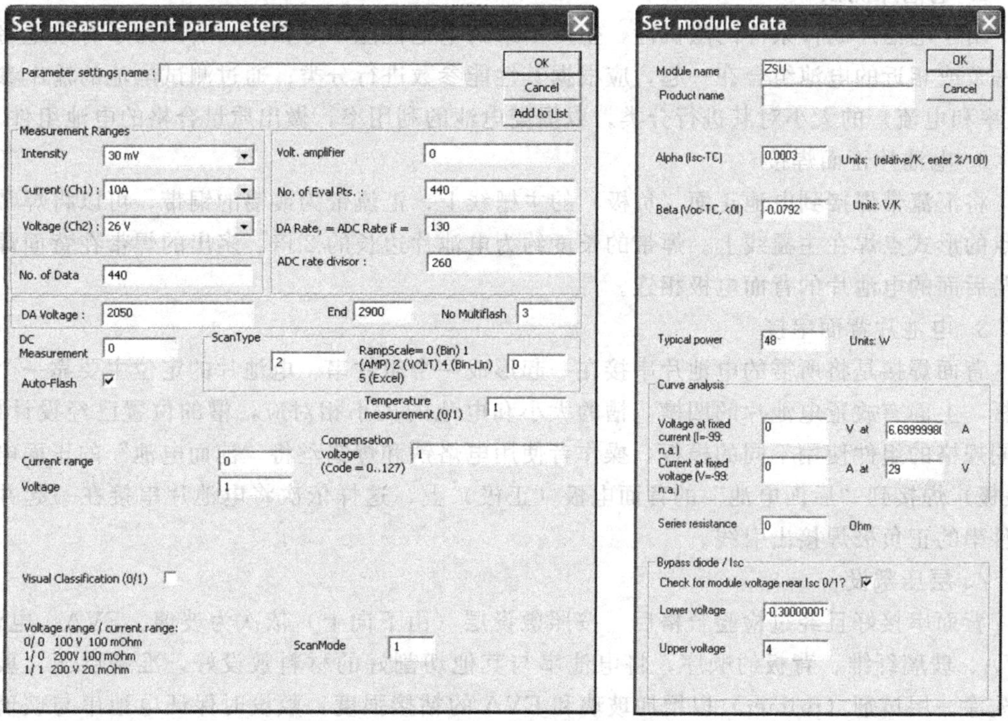

图 5.3 测量参数设置菜单示例

化,或者出现台阶,那么可利用的功率就会急剧减小。如果测试辐照度过小,或者电路干扰太大,则曲线会出现锯齿形的波动。

【知识拓展】

一、光伏组件生产加工工艺

光伏组件生产线又叫封装线。封装是光伏组件生产的关键步骤，良好的封装工艺可以最大限度地发挥太阳电池的性能，获得长久的使用寿命和工作稳定性，并且为系统集成提供便利。光伏组件生产加工工艺为：

（1）太阳电池的外观、尺寸、电性能、可焊性、栅线印刷、主栅线抗拉力等性能检测；

（2）太阳电池正面焊接—检验；

（3）太阳电池背面串接—检验；

（4）层压敷设（玻璃清洗、材料切割、玻璃预处理、敷设）；

（5）转入层压机进行层压工艺；

（6）修边去毛刺（去边、清洗）；

（7）装边框（涂胶、装角键、冲孔、装框、擦洗余胶）；

（8）接线盒的安装；

（9）组件测试—外观检验；

（10）包装入库。

二、光伏组件组装工艺

1. 电池片测试

由于电池片制作条件的随机性，生产出来的电池性能不尽相同，所以为了有效地将性能一致或相近的电池组合在一起，应根据其性能参数进行分类；通过测试电池的输出参数（效率和电流）的大小对其进行分类，以提高电池的利用率，做出质量合格的电池组件。

2. 电池片正面焊接

将汇流带焊接到电池正面（负极）的主栅线上，汇流带为镀锡的铜带，可以将焊带以多点的形式点焊在主栅线上。焊带的长度约为电池片边长的2倍。多出的焊带在背面焊接时与后面的电池片的背面电极相连。

3. 电池片背面串接

背面焊接是将所需的电池片串接在一起形成一个组件串，电池片的定位主要靠一个模具板，上面有放置电池片的凹槽，槽的大小和电池的大小相对应，槽的位置已经设计好，不同规格的组件使用不同的模板，操作者使用电烙铁和焊锡丝将"前面电池"的正面电极（负极）焊接到"后面电池"的背面电极（正极）上，这样依次将电池片串接在一起并在组件串的正负极焊接出引线。

4. 层压敷设

背面串接好且经过检验合格后，按照敷设层（由下向上）依次为玻璃、EVA、电池、EVA、玻璃纤维、背板的顺序，将电池串与其他切割好的材料敷设好，准备层压。玻璃事先涂一层试剂（primer）以增加玻璃和EVA的粘接强度。敷设时保证电池串与玻璃等材料的相对位置，调整好电池间的距离，为层压打好基础。

5. 光伏组件层压

将敷设好的材料放入层压机密封腔（类似真空袋）内，将组件内的空气抽出并将各层材料压紧，然后加热使EVA熔化，将电池、玻璃和背板粘接在一起；最后冷却取出组件。层压工艺是组件生产的关键一步，层压温度和时间根据 EVA 的性质决定。

6. 修边

EVA 熔化后由于压力而向外延伸固化形成毛边，所以层压完毕应将其切除。

7. 装框

给玻璃组件装铝框，增加组件的强度，进一步密封电池组件，延长电池的使用寿命。同时铝边框也作为安装到支架上的连接部件。边框和玻璃组件的缝隙用硅酮树脂填充。各边框间用角键连接。

8. 接线盒的安装

在组件背面引线处焊接一个接线盒，里面包括保护电路的旁路二极管和引出电缆，以利于电池与其他设备或电池连接。

9. 高压测试及组件测试

高压测试是指在组件边框和电极引线间施加一定的电压，测试组件的耐压性和绝缘强度，以保证组件在恶劣的自然条件（雷击等）下不被损坏；光伏组件测试的目的是对电池的输出功率进行标定，测试其输出电流、电压特性，确定组件的质量等级。

习　题

1. 什么是光伏组件？它由哪些部分组成？
2. 太阳电池为什么要进行封装？它的作用如何？
3. 阐述光伏组件的生产工艺过程。它的主要材料有哪些？分别阐述这些材料的作用。
4. 光伏组件的主要电性能参数有哪些？如何测量？

拓展项目 光伏系统的检测

任务一 系统外观结构的检测

【任务目标】
1. 理解光伏阵列安装检测；
2. 理解逆变器配电设备检测；
3. 正确调试光伏发电监控系统。

【任务描述】
根据光伏系统工程实际情况，光伏系统中所有方阵的紧固件必须有足够的强度，以便将太阳能电池组件可靠地固定在方阵支架上，同时充分考虑结构的安全性和经济性以及配电设备的耐用性、稳定性。

【任务实施】
图 6.1 为江苏徐州大型光伏电站俯瞰图。按照国家标准公式计算间距，确定方阵间的距离或太阳电池方阵与建筑物的距离，一般确定原则：冬至当天早9：00 至下午3：00太阳电池方阵不应被遮挡。对于地面安装的太阳能电池方阵，太阳能电池组件与地面之间的最小间距要在 0.3m 以上。

图 6.1 江苏徐州大型光伏电站

光伏组件最低点距地距离应满足：
a. 高于当地最大积雪深度；
b. 高于当地洪水水位；
c. 防止动物破坏；
d. 防止泥沙溅上太阳能电池板；

对组件的整体盖片、互联条、汇流条、密封材料、背表面材料、引出线和接线装置、边框等进行目测，应达到如下要求。

  a. 边框应平整、无腐蚀斑点。
  b. 前表面应整洁、无破碎、无裂纹。
  c. 背表面不得有划痕、损伤等缺陷。
  d. 单体太阳能电池不得有破碎或裂纹，排列整齐。
  e. 互连条和栅线应排列整齐、无脱焊、无断裂。
  f. 封装层中不得在电池和边框之间有连续的气泡或脱层。
  g. 引线端应密封，极性标记准确、明显。
  h. 太阳能电池组件要有接线盒，接线盒要求连接牢固。

  根据 GB/T 19064—2003 规定，立柱的底部必须牢固地连接在基础上，以便能够承受太阳电池方阵的重量并能承受设计风速。太阳电池方阵支架用于支撑太阳电池组件，太阳电池方阵的结构设计要保证组件与支架的连接牢固可靠，并能很方便地更换太阳电池组件。太阳电池方阵及支架必须能够抵抗 120km/h 的风力而不被损坏。

  太阳电池方阵可以安装在屋顶上，但方阵支架必须与建筑物的主体结构相连接，而不能连接在屋顶材料上。组件自带的电缆线应满足抗紫外线、抗老化、抗高温、防腐蚀和阻燃等性能要求，选用双绝缘防紫外线阻燃铜芯电缆，电性能应符合 GB/T 18950—2003 性能测试的要求。

  目测系统直流侧和交流侧是否有保险丝或熔断器、过压保护装置，目测充放电控制器设备的外观及主要零、部件是否有损坏，是否有受潮现象，元器件是否有松动与丢失，控制器机壳表面是否镀层牢固，漆面匀称，无剥落、锈蚀及裂痕等现象。机壳面板应平整，所有标牌、标记、文字应符合要求，功能显示清晰、正确，各种开关便于操作，灵活可靠。

  目测是否有防雷器件，逆变器的输出端子是否使用安全插座。

  目测蓄电池的标签内容是否符合技术要求，是否标明蓄电池和负载的连接点和极性。应使用标准的绝缘铜导线，导线应抗阳光辐射和防水；对于永久性的安装，所有可能由于暴露而受损的导线都应用导线管保护；对于已经被牢固地固定在房屋结构上的导线，可以不用穿线管；穿过屋顶、墙体和其他结构的导线，应用穿线管加以保护。穿过屋顶的导线应进行防水密封；现场安装用导线的连接，必须用接线端子螺旋紧固。螺帽紧固方式只允许在室内并且在专门设计的接线盒内使用。连接处允许的额定电流不得低于电路允许的额定电流；所有导线都必须有明显标识标明正负极。应给用户提供安全的连接负载的绝缘端子，或由用户自己连接插座的负载端子上，必须清楚地标明正负极性。

  目测电气布线是否一致，导体须有颜色的约定，断开电路要有有明确的要求和规定。光伏系统中直流布线惯例是：接地线是白色，正极性导线是红色，负极性导线是蓝色（负极性被确定为 PV 系统的中性点）。

  目测配电室等有无安全标识，连接光伏系统和电网的专用低压开关柜应有醒目标识。标识应标明"警告"、"双电源"等提示性文字和符号。标识的形状、颜色、尺寸和高度参照 GB 2894 及 GB 16179 执行。

  方阵支架底座的水平度偏差不应大于 3mm/m，基座不平时应用铁垫片垫平。方阵支架受风梁在受风条件下的弯曲应力和弯曲度；支撑臂在顺风条件下的压曲强度和逆风条件下的拉伸强度；受风条件下螺栓的剪切力（折断力）的耐受强度等应满足 GB 50009—2006 和 GB 50017—2003 规定的要求。

每根引线都要做不超过组件自身重量的拉力试验和弯曲试验。试验后应无机械损伤迹象，在标准测试条件下的最大输出功率衰减不超过试验前的 5%。

组件应承受变形角约为 1.20 的扭曲测试，组件前表面和背表面各均匀加载 2400Pa 的机械载荷测试，保持 7h，循环 2 次，不应出现 GB/T 9535—1998 中规定的严重外观缺陷；标准测试条件下的最大输出功率衰减不超过试验前的 5%；绝缘电阻应符合 GB/T 9535—1998 中 10.3 的规定要求。

任务二　电能质量的检测

【任务目标】
1. 理解电力谐波检测分析；
2. 理解电能质量分析仪的使用。

【任务描述】
光伏发电并网的电能质量会直接影响大规模光伏电源接入电网的安全运行。本任务采用电能质量分析仪对电能质量进行检测及分析。

【任务实施】

一、电能质量概论

电压和频率是衡量电能质量的重要指标。电压、频率过高或者过低都将使工厂的正常生产受到影响。严重时，将造成人身伤亡、设备损坏，影响电力系统的稳定性。我国电力系统的标准频率为 50Hz，根据"电力工业技术管理法规"中的规定：在 3×10^6 kW 以上的系统中，频率的变动不得超过 ±0.2Hz；在不足 3×10^6 kW 的系统中频率的变动不得超过 ±0.5Hz。

衡量供电可靠性的指标，一般以全部用户平均供电时间占全年时间（8760h）的百分数来表示。如用户每年停电（包括事故和检修停电）时间 17.52h，则停电时间占全年时间的 0.2%，即供电可靠性为 99.8%。

电能质量是指电压、频率和波形的质量。电能质量的主要指标有频率偏差、电压偏差、电压波动和闪变、高次谐波（电压波形畸变）及三相电压不平衡度等。

在电力系统正常状况下，供电频率的允许偏差为：电网装机容量在 300 万千瓦以上的，为 ±0.2Hz；电网装机容量在 300 万千瓦以下的，为 ±0.5Hz。在电力系统非正常状况下，供电频率的允许偏差不应超过 1Hz。

正常运行情况下，用电设备端子处的电压偏差允许值（以 U_N 的百分值表示）宜符合下列要求：电动机规定为 5%，照明在一般工作场所为 5%；对于远离变电所的小面积一般工作场所，难以满足上述要求时+5%，可为+5%～10%；应急照明、道路照明和警卫照明等为+5%～10%。

电压波动是由于负荷急剧变动引起的。负荷的急剧变动，使系统的电压损耗也相应快速变化，从而使电气设备的端电压出现波动现象。电压波动值用电压波动过程中相继出现的电压有效值的最大值与最小值之差对额定电压的百分值来表示，其变化速度应不低于每秒 0.2%。电压波动可影响电动机的正常启动，可使同步电动机转子振动，使电子设备特别是使计算机无法正常工作，可使照明灯发生明显的闪烁现象等。GB 12326—1990 规定了系统由冲击性负荷产生的电压波动允许值和闪变电压允许值，10V 及以下电网的电压波动不得超过 2.5%，35~110kV 不得超过 2%。

高次谐波是指一个非正弦波按傅里叶级数分解后所含的频率为基波频率整数倍的所有谐波分量，而基波频率就是工频 50Hz。高次谐波通称"谐波"。电力系统中的发电系统所发出的电压，一般可认为是 50Hz 的正弦波。但由于系统中有各种非线性元件存在，因而在系统中和用户处的线路中出现了高次谐波，使电压或电流波形发生一定程度的畸变。当前，高次谐波的干扰已成为电力系统中影响电能质量的一大"公害"。高次谐波电流通过变压器，可使变压器的铁芯损耗明显增加，从而使变压器出现过热，缩短使用寿命。谐波影响各种电气设备的正常工作，谐波对电机的影响除了引起附加损耗外，还会引起机械振动、噪声增加和过电压，谐波的发生还会引起公用电网中局部的并联谐振或串联谐振，从而进一步引起谐波放大，使上述的危害大大增加，高次谐波的存在还会影响电气线路中的保护元件，继电器、自动系统装置的误操作，电气测量仪表不准确，并可对附近的通信线路和设备产生信号干扰。

三相不平衡电压按对称分量法，可分解为正序分量、负序分量和零序分量等 3 个对称分量。负序分量的存在对系统中的电气设备的运行产生不良影响，例如使电动机中出现一个反向转矩，从而削弱了电动机的输出转矩，使电动机效率降低，同时使电动机的总电流增大，使绕组温度增高，加速绝缘老化，缩短使用寿命。三相电压不平衡还影响多相整流设备触发脉冲的对称性，出现更多的高次谐波，进一步影响电能质量。系统中三相电压不平衡度用其负序分量的方均根值对其正序分量方均根值的百分比值来表示。

二、电力谐波检测分析

对电力系统谐波问题的研究涉及面很广，如谐波源分析、谐波检测、畸变波形分析、谐波抑制等，其中很重要的一个方面就是谐波的检测。但由于电力系统的谐波受到随机性、非平稳性、分布性等多方面因素影响，要进行实时准确的检测并不容易，逐渐形成了如模拟滤波、频域分析、瞬时无功功率分析、小波变换、神经网络等检测方法。

(1) 模拟滤波器方法和基于傅氏变换的频域分析法都是基于频域理论。模拟滤波器法有两种，一种是通过滤波器滤除基波电流分量，从而得到谐波电流分量；另一种是用带通滤波器得出基波分量，再与被检测电流相减后得到谐波电流分量。这种方法实现原理和电路结构简单，能滤除一些固有频率的谐波，易于控制，但误差大，实时性差，受外界环境影响较大，参数变化时检测效果明显变差。

(2) 基于傅氏变换的频域分析法 根据采集到的一个周期的电流值（或电压值）进行计算，得到该电流所包含的谐波次数以及各次谐波的幅值和相位系数，将需要抵消的谐波分量通过傅里叶变换器得出所需的误差信号，再将该误差，进行傅里叶反变换，即可得补偿信号。这种方法精度高，使用方便，但需要一定的时间采样并且要进行两次变换，计算量大，检测时间较长，检测结果实时性不好，大多用于谐波的离线分析。如果需要提高实时性，可以利用数字锁相同步采样法，使信号频率和采样频率同步。

(3) 瞬时无功功率的分析法是基于时域的一种理论，以瞬时有功功率 p 和瞬时无功功率 q 为基础，即 p-q 理论。该理论是在瞬时值的基础上定义的，突破了传统功率理论的平均值意义，不仅适用于正弦波，也适用于非正弦波的情况。它的基本原理是将三相瞬时电压电流经旋转、正交坐标变换，转换到两相坐标中，根据两相瞬时电压电流合成为旋转电压矢量和电流矢量，并经投影得到三相电路瞬时有功电流和瞬时无功电流，进而得到瞬时有功功率和无功功率，再经过高次谐波分离和反变换，从而得到谐波电流分量。

(4) 小波分析可以用来替换传统使用傅里叶分析的地方，在时域和频域同时具有良好的局部化性质，克服了傅里叶变换在非稳态信号分析方面的缺点，尤其适合突变信号的分析与处理。由于小波分析能计算出某一特定时间的频率分布，并把各种不同频率组成的频谱信号分解为不同频率的信号块，因此可以通过小波变换来较准确地求出基波电流，最终得到谐波分量。小波分析在谐波检测中的应用主要有以下内容。

① 基于小波变换的多分辨分析把信号分解成不同的频率块，低频段上的结果看成基波分量，高频段为各次谐波，利用软件检测、跟踪谐波变化。

② 将小波变换和最小二乘法相结合来代替基于卡尔曼滤波的时变谐波跟踪方法将各次谐波的时变幅值投影到正交小波基张成的子空间，然后利用最小二乘法估计其小波系数，将时变谐波的幅值估计问题转换成常系数估计问题，以达到较快的跟踪速度。

③ 利用小波变换的小波包将频率空间进一步细分，将电力系统中产生的高次谐波投影到不同的尺度上，会明显地表现出高频、奇异高次谐波信号。

④ 通过对含有谐波的信号进行正交小波分解，分析原信号各个尺度的分解结果，达到检测各种谐波分量的目的，从而具有快速的跟踪速度。

(5) 基于神经网络的检测方法主要涉及模型的构建、样本的确定和算法的选择，利用神经网络进行谐波和无功电流的检测，对周期性及非周期性电流都具有良好的快速跟踪能力，对高频随机干扰也有较好的识别能力。

和傅里叶变换、小波变换相比，基于神经网络的检测方法对数据流长度的敏感性较低，而检测精度较高，对各次谐波的检测精度一般不低于这两种变换，能得到较满意结果。另外，基于神经网络的检测方法实时性强，可以同时实时检测任意整数次谐波；而且可以使用随机模型的处理方法对信号源中的非有效成分当作噪声处理，克服噪声等非有效成分的影响，抗干扰性好。

以上几种主要的谐波检测方法中，基于瞬时无功功率理论的检测方法既能检测谐波，又能检测无功功率，实时性好，广泛用于有源电力滤波器中的谐波检测，但不适用于单相电路。小波变换和神经网络都是近年来发展起来的谐波检测方法，研究和应用时间都很短，在实现的技术方面还需要不断完善，随着研究的深入开展，这些新型的谐波检测方法也将会得到广泛的实际应用。

三、电能质量分析仪简介

电能质量测试仪，主要用于测量分析公用电网供到用户端的交流电能质量，测量分析频率偏差、电压偏差、电压波动和闪变、三相电压允许不平衡度、电网谐波，定时记录和存储电压、电流、有功功率、无功功率、视在功率、频率、相位等电力参数的变化趋势，帮助用户解决电力设备调整及运行过程中出现的问题。图 6.2 为 HJ-DZ 电能质量测试仪面板布置图。

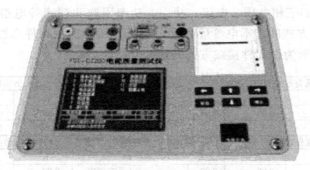

图 6.2　HJ-DZ 电能质量测试仪面板布置图

1. 主要功能及特点

安全可靠，使用方便，便携式结构，尺寸小、重量轻、方便携带仪器到现场测试；内置高性能锂电池，在无外接电源的情况下可连续工作 10h。精度高，符合国标 A 级仪器要求。

2. 技术指标

（1）频率测量

测量范围：45～55Hz，中心频率 50Hz；

测量误差：≤0.02Hz。

（2）输入电压量程：10～450V。

（3）输入电流量程：5A，其他量程可以根据用户要求选配。

（4）基波电压和电流幅值：基波电压允许误差≤0.5%F.S.；基波电流允许误差≤1%F.S.。

（5）基波电压和电流之间相位差的测量误差：≤0.5°。

（6）谐波电压含有率测量误差：≤0.1%。

（7）谐波电流含有率测量误差：≤0.2%。

（8）三相电压不平衡度误差：≤0.2%。

（9）电压偏差误差：≤0.2%。

（10）电压变动误差：≤0.2%。

（11）功率偏差：≤5%。

（12）闪变误差：≤5%。

（13）工作时间：内部电池可以连续工作 10h。

3. 操作方法

（1）工作接线

① 三元件△接线方式（三相三线制△接法）：先用短路线把仪器电压接线端子首尾相接，然后用电压测试线将仪器的接线端子分别接到现场三相电压上。

② 三元件 Y 接线方式（三相四线制 Y 接法）：先用短路线把仪器中线短接，然后用电压测试线将仪器的接线端子分别接到现场三相电压和零线上。

③ 两元件接线方式（V 接法）：先用短路线把两仪器短接，然后用电压测试线将仪器的 U_A 接现场 A 相电压、仪器的 U_C 接现场 C 相电压、仪器的 U_{AN} 接现场 B 相电压。

钳表接线：3 只钳表（5A）对应插入电流输入插座中，并锁紧，以保证良好接触。

（2）基本电参量

主要测量现场的三相电压、电流、功率、功率因数和频率等电参量。图 6.3（a）所示为三元件 Y 接线方式的基本电参量，图 6.3（b）所示为三元件△接线方式的基本电参量，图 6.3（c）所示为两元件接线方式的基本电参量。

电压有效值(V)			
	U_a	U_b	U_c
实测值	0.00	0.00	0.00
相角	0.0°	0.0°	0.0°
电流有效值(A)			
	I_a	I_b	I_c
实测值	0.00	0.00	0.00
相角	0.0°	0.0°	0.0°
功率、功率因数			
S(VA)	P(W)	Q(Var)	Cosϕ
0.00	0.00	0.00	0.000
频率 F=50.00Hz			

（a）三元件 Y 接线方式的基本电参量

电压有效值(V)			
	U_{ab}	U_{bc}	U_{ca}
实测值	0.00	0.00	0.00
相角	0.0°	0.0°	0.0°
电流有效值(A)			
	I_a	I_b	I_c
实测值	0.00	0.00	0.00
相角	0.0°	0.0°	0.0°
功率、功率因数			
S(VA)	P(W)	Q(Var)	Cosϕ
0.00	0.00	0.00	0.000
频率 F=50.00Hz			

（b）三元件△接线方式的基本电参量

电压有效值(V)			
	U_{ab}		U_{ca}
实测值	0.00		0.00
相角	0.0°		0.0°
电流有效值(A)			
	I_a		I_c
实测值	0.00		0.00
相角	0.0°		0.0°
功率、功率因数			
S(VA)	P(W)	Q(Var)	Cosϕ
0.00	0.00	0.00	0.000
频率 F=50.00Hz			

（c）两元件接线方式的基本电参量

图 6.3　基本电参量

（3）不平衡及偏差

不平衡度指三相电力系统中三相不平衡的程度，用电压和电流负序分量与正序分量的方均根百分比表示，分为电压不平衡和电流不平衡；偏差指三相电压和频率的偏差，表示测量值和额定值的差占额定值的百分比，见图 6.4。

（4）闪变测量

闪变是由于电源电压变化而产生，以波动量化表示，数值越大，波动越大。电压变动与电压变化的持续时间和幅度有关。短时闪变在 10min 内测得，而长时闪变在 2h 内测得，见图 6.5。

（5）电压谐波

电压谐波最多测量和记录 50 次谐波，并计算 A、B、C 三相电压总谐波畸变率。谐波是电压、电流或功率正弦波周期性失真。如图 6.6 所示，电压谐波以表格的形式显示 1～50 次谐波的含量，电压谐波的数值以基波的百分比形式表示。

（6）电流谐波

电流谐波最多测量和记录 50 次谐波，并计算 A 相电流总谐波畸变率。谐波是电压、电流或功率正弦波周期性失真。如图 6.7 所示，以表格的形式显示 1～50 次谐波的含量，

不平衡及偏差			
电压不平衡			
3U0	U1	U2	du
0.00V	0.00V	0.00V	0.00%
电流不平衡			
3I0	I1	I2	di
0.000A	0.000A	0.000A	0.00%
偏差(%)			
A相	B相	C相	频率
−100.00%	−100.00%	−100.00%	0.00
按返回键退出画面			

图 6.4　不平衡及偏差

闪变测量			
电压变动			
	A相	B相	C相
实测值	0.00	0.00	0.00
短时闪变			
	A相	B相	C相
实测值	0.00	0.00	0.00
长时闪变			
	A相	B相	C相
实测值	0.00	0.00	0.00
按返回键退出画面			

图 6.5　闪变测量

电压	A相	B相	C相
总畸变率	0.00%	0.00%	0.00%
基波电压	0.00V	0.00V	0.00V
2谐波	0.00%	0.00%	0.00%
3谐波	0.00%	0.00%	0.00%
4谐波	0.00%	0.00%	0.00%
5谐波	0.00%	0.00%	0.00%
6谐波	0.00%	0.00%	0.00%
7谐波	0.00%	0.00%	0.00%
8谐波	0.00%	0.00%	0.00%
9谐波	0.00%	0.00%	0.00%
10谐波	0.00%	0.00%	0.00%

图 6.6　电压谐波

电流	A相	B相	C相
总畸变率	0.00%	0.00%	0.00%
基波电流	0.00A	0.00A	0.00A
2谐波	0.00A	0.00A	0.00A
3谐波	0.00A	0.00A	0.00A
4谐波	0.00A	0.00A	0.00A
5谐波	0.00A	0.00A	0.00A
6谐波	0.00A	0.00A	0.00A
7谐波	0.00A	0.00A	0.00A
8谐波	0.00A	0.00A	0.00A
9谐波	0.00A	0.00A	0.00A
10谐波	0.00A	0.00A	0.00A

图 6.7　电流谐波

电流谐波的数值以有效值形式表示。

（7）频谱图

如图 6.8 所示，各谐波分量的条形高度是对满信号影响的百分比，无失真的信号应显示第一次谐波为 100%，而其他信号位于零，但实际不是这样，因为总是存在一定数量的失真而导致谐波较高。按"↑""↓"键，在 A 相电压、B 相电压、C 相电压、A 相电流、B 相电流和 C 相电流通道之间反复切换。

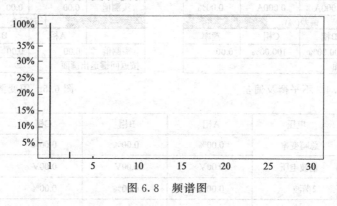

图 6.8　频谱图

（8）向量图

向量图主要是表示电压和电流之间的相位关系，这里以 A 相电压为基准通道，向量图不但可以检查电压导线和电流钳表是否正确连接，而且可以显示电网中电压和电流的夹角。格中显示电压之间的夹角，电压与电流的夹角。图 6.9（a）表示三元件丫接线方式的向量图，图 6.9（b）表示三元件△接线方式的向量图，图 6.9（c）表示两元件接线方式的向量图。

∠U_a	0.0°	∠I_a	30.0°
∠U_b	240.0°	∠I_b	30.0°
∠U_c	120.0°	∠I_c	30.0°

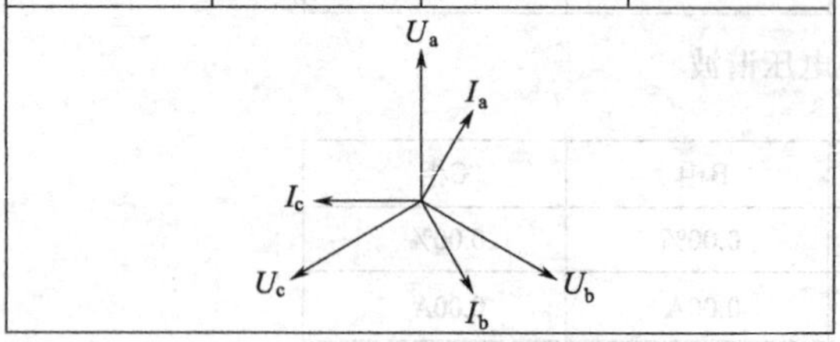

∠U_{ab}	0.0°	∠I_a	30.0°
∠U_{bc}	240.0°	∠I_b	30.0°
∠U_{ca}	120.0°	∠I_c	30.0°

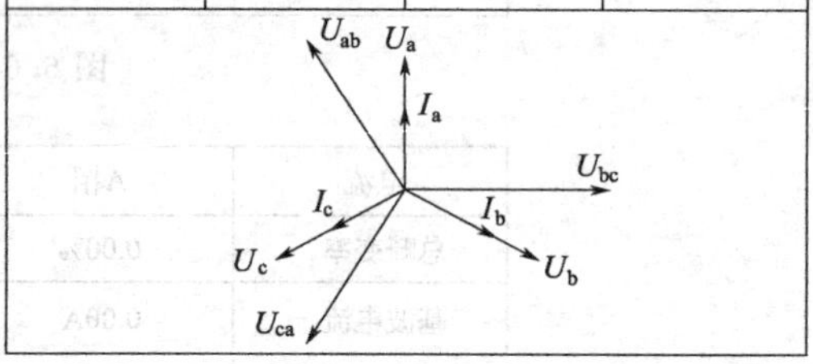

(a)　三元件丫接线方式向量图　　　　(b)　三元件△接线方式向量图

∠U_{ab}	30.0°	∠I_a	30.0°
∠U_{cb}	300.0°	∠I_c	30.0°

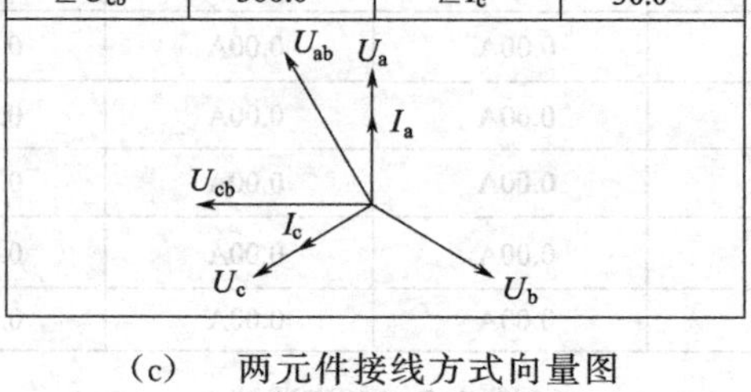

(c)　两元件接线方式向量图

图 6.9　向量图

（9）波形图

波形显示，实时显示三路电压和三路电流的波形，以 A 相电压为基准通道，显示一个完整周期。为了获得好的显示效果，波形的偏移和跨距都作了调整。图 6.10（a）表示三元件丫接线方式的波形，图 6.10（b）表示三元件△接线方式的波形，图 6.10（c）所示两元件接线方式的波形图。

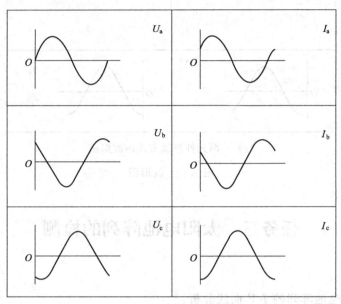

(a) 三元件丫接线方式的波形图

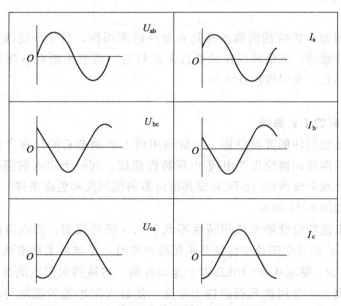

(b) 三元件△接线方式的波形图

图 6.10

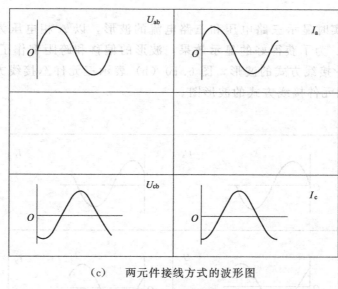

(c) 两元件接线方式的波形图

图 6.10 波形图

任务三 太阳电池阵列的检测

【任务目标】
1. 掌握太阳电池阵列的 $I\text{-}V$ 曲线分析；
2. 掌握太阳电池阵列电性能检测分析；
3. 掌握耐压绝缘测试仪的正确使用。

【任务描述】
太阳电池阵列的 $I\text{-}V$ 特性曲线本身具有很强的实用性，易受环境因素的影响，对于温度、光照的变化敏感。光伏阵列在长期投入运行后，需要不断对各阵列进行 $I\text{-}V$ 特性检测，查找故障隐患，及时维护及维修。

【任务实施】
一、太阳电池阵列的 $I\text{-}V$ 曲线

测量太阳电池或组件的光伏性能，目前通用的方法是把它们放在自然或模拟太阳光下，并保持一定的温度，描绘出其电流-电压特性曲线，同时测定入射辐射度。然后将测得的数据修正到标准测试条件（STC）或其他所需的辐照度和温度条件。

测量原理图如图 6.11 所示。

测量硅太阳电池的电性能要使用精度不低于 0.5 级的仪表，测电流的取样电阻 R_1，精度不低于 0.2%，取样电阻值应保证测量短路电流时，单体硅太阳电池的端电压不大于 20mV，负载电阻 R_L 要求从 0~10kΩ 以上连续可调。将被测太阳电池与标准太阳电池安装在同一测试平面上，并用遮光板遮住太阳光，使硅太阳电池的温度与环境温度保持平衡。测试步骤：安装被测太阳电池，待太阳电池的温度与环境温度保持平衡时，方可进行测试。用通风式干湿温度表测量环境的温度和湿度，取环境的温度作为测试时硅太阳电池

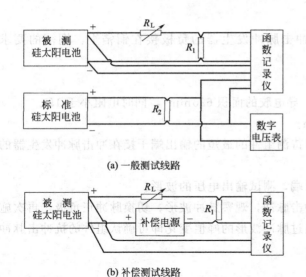

(a) 一般测试线路

(b) 补偿测试线路

图 6.11 太阳电池组件（方阵）I-V 测量原理

的温度；移去遮光板，立即改变负载，由函数记录仪绘制伏安特性曲线，并同时记录测试过程中标准硅电池的短路电路 I_{SCS}。

硅太阳电池在非标准条件下测试时，需将其测得的电性能参数换算到标准条件下。

二、太阳电池阵列电性能测试

1. 耐压性测试

按照 14007—92 相关规定，组件外加上 1000V 直流电压，维持 1min，组件无绝缘击穿或表面无破裂现象，同时绝缘电阻要求不小于 100MΩ。在太阳总辐照度不低于 700mW，在测试周期内的辐照不稳定度不应大于±1% 条件下，被测方阵表面应清洁，方阵的电性能参数测试按 SJ 2196—82《地面用太阳电池电性能测试方法》和《太阳电池组件参数测量方法》（地面用）的有关规定进行，方阵的开路电压应符合设计规定；方阵实测的最大输出功率不应低于各组件最大输出功率总和的 90%；方阵输出端与支撑结构间的绝缘电阻不应低于 50MΩ。

由于不同待测太阳能组件的测试电压不同，因此 IEC 61730—2 中采用如表 6.1 所示分级表，用户需根据组件的实际应用状态，选择相应的测试电压。脉冲电压波形图见图 6.12。

表 6.1 测试电压等级表

最高电压	脉冲电压/V	
	A 类	B 类
100	1500	800
150	2500	1500
300	4000	2500
600	6000	4000
1000	8000	6000

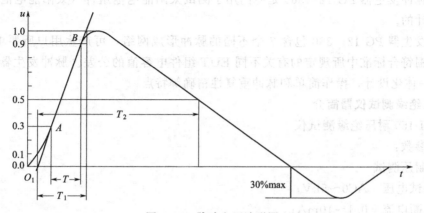

图 6.12 脉冲电压波形图

具体的试验配置与测试步骤如下。

(1) 在待测组件上覆盖铜箔,将冲击脉冲发生器的负极接在铜箔上,铜箔的要求如下:

　　a. 铜箔厚度 0.03mm 到 0.05mm。

　　b. 在组件和铜箔之间涂抹导电胶,导电胶的面积 625mm^2,同时电阻小于 1Ω。

　　c. 导电胶的厚度为 0.05~0.07mm。

(2) 将铜箔接在设备的负极上,将待测组件的最短的输出端子接在冲击脉冲发生器的正极上。

(3) 连接示波器在高压分压器输出端,测试输出电压的波形。

在无光条件下,对组件施加三次冲击脉冲,观察脉冲波形;切换脉冲正负极,再次施加三次脉冲,同时也测量脉冲波形。通过脉冲波形的峰值变化即可确认组件的抗冲击脉冲的能力。

2. 脉冲电压发生器实例介绍

IPG 10—200 和 IPG 12—360 是德国 Hilo-Test 公司出品的两款脉冲电压发生器,脉冲波形完全满足 IEC 60060—1。为了能够更好地适用于绝缘测试的要求,脉冲发生器内置了一个电压分压器(分压比 1000:1),用户不需要另外购买脉冲电压分压器,直接用示波器即可观察脉冲波形;同时还内置一个电流传感器并带有感应门限(50~500μAs,阈值可调),脉冲发生器在超过阈值(待测器件绝缘度不够)时自动停止,不用人工干预。脉冲信号发生器的主要指标如表 6.2 所示。

表 6.2　IPG 12—360 主要性能指标

输出电压峰值	0.25~12kV 可调
输出脉冲幅度误差	5%
冲击电压波形满足 IEC 60060—1	脉冲上升沿 $T_1=1.2\mu s \pm 30\%$ 脉冲宽度 $T_2=50\mu s \pm 20\%$
电压脉冲极性	正负可选
脉冲高压分压器分压比	1000:1
充电时间	2.5 秒
电流感应门限	50~500μAs

高压脉冲发生器 PG 12—360 是专门用于测试太阳能电池组件(太阳能电池板)脉冲电压而设计的。

脉冲发生器 PG 12—360 包含 7 个不同的脉冲形成网络,可产生用户所要求的波形,其电容范围符合标准中所规定的有关不同 EUT 组件电容值的公差。脉冲发生器 PG 12—360 具有一体化设计,操作简单和脉冲重复性精确等特点。

三、耐压绝缘测试仪器简介

1. YH-150 耐压绝缘测试仪

技术参数:

(1) 耐压测试

① 测试电压　AC0~5kV;

② 遮断电流　0.1~10mA;

③ 测试时间　手动或自动(计时器为 0~3min 任意选择);

④ 精确度　电压为满该度±3%，遮断电流为每挡范围为±5%。
(2) 绝缘测试
① 试验电压：DC500V/1000V；
② 绝缘电阻：0~500MΩ；
③ 精确度：±3%满刻度。
(3) 操作说明
① 检查仪器、仪表外观以及高压测试棒与引线是否破皮；
② 电源总开关切至开之前，确认高压调整钮须在反时针最小的位置，即"0"位置；
③ 电源线插入仪器所需的电压插座上（AC220V）；
④ 装上高压测试棒引线至高压输出端接地端；
⑤ 装上高压测试棒上的遥控插头至面板遥控插座上，利用高压测试棒的开关钮控制试验电压输出；
⑥ 电压开关切至关的位置；
⑦ 耐压测试（手动-计时器切置开的位置）；
⑧ 选择开关切在开的位置，此时耐压指示灯会亮；
⑨ 按下高压测试棒开关钮一次，慢慢地调整高压调整钮至被测物所需的试验电压，然后把高压测试棒引线接至被测物进行试验；
⑩ 然后把高压测试棒引线接至被测物，接着按下高压测试棒的开关钮一次进行试验；
⑪ 每一动作终了时，轻按高压测试棒上的开关一次，就回复于试验状态；
⑫ 实行耐压试验中，如耐压不良时就会自动停止，同时不良指示灯会亮，表示不良之蜂鸣器会响，以示警报；
⑬ 出现不良时，轻按重设钮，就会回复待验状态；
⑭ 高压测试棒上的开关与面板上测试钮是相同功能：控制高压输出；
⑮ 绝缘测试：
a. 选择开关切至绝缘试验位置，此时绝缘指示灯会亮；
b. 将 POWER 开关打开；
c. 将测试线正、负短路，调整 ZERO 使 MAGOHMS 表归零即可测试；
d. 此段为直流 DC500V 电压输出，测试 0~250MΩ 阻值或 DC1000V　0~500MΩ。
e. 当高压测试棒引线离开被测物时，就回复待测试状态。
2. PV-8150 光伏方阵测试仪

PV-8150 光伏方阵测试仪可用于功率 100kW 的光伏阵列系统，最大测试电压 DC800V，最大测试电流 150A，是光伏电站验收鉴定检测、日常维护测试必不可少的工具。PV-8150 也可用于建筑物光伏发电系统等大功率独立光伏系统的 $I\text{-}V$ 特性测试。

任务四　逆变器的检测

【任务目标】
1. 掌握逆变器电性能的检测；

2. 掌握防孤岛效应的检测。

【任务描述】

并网逆变器检测到电网失电后会立即停止工作，当电网恢复供电时，并网逆变器并不会立即投入运行，而是需要持续检测电网信号在一段时间（如 90s）内完全正常，才重新投入运行。本任务还将介绍防孤岛效应的检测及分析。

【任务实施】

一、逆变器电性能的检测

1. 输出电压变化范围

测试电路见图 6.13，在输入电压以额定值的 90%～120% 进行变化，输出为额定功率时，用电压表测量其输出电压值，不超过额定值的 10%。

图 6.13　测试电路

2. 输出频率

在输入电压以额定值 90%～120% 进行变化，输出为额定功率时，用频率测试仪测量其输出频率值。

3. 输出电压波形失真度

输入电压及输出功率为额定值时，用失真仪（示波器）测量输出电压的最大波形失真度。

4. 效率

输入电压为额定值时，测量负载为满载 75% 时的效率，应符合输出功率≥75%额定功率时，其效率应≥80%。

5. 噪声

当输入电压为额定值时，在正面距离 3m 处用声级计分别测量 50%额定负载与满载时的噪声，应≤65dB。

6. 带载能力

当输入电压与输出功率为额定值时，检查逆变器的连续可靠工作时间，应不低于 4h。

当输入电压为额定值、输出功率为额定值的 125% 时，检查逆变器的连续可靠工作时间，应不低于 1min。

当输入电压为额定值、输出功率为额定值的 150% 时，检查逆变器的安全工作时间，应不低于 10s。

7. 静态电流

断开负载后，用电流表在逆变器输入端测量其输入直流电流，不应超过额定输入电流的 3% 或自耗电功率<1W。

8. 绝缘电阻

逆变器直流输入与机壳间的绝缘电≥50MΩ；逆变器交流输出与机壳间的绝缘电阻

≥50MΩ。

逆变器直流输入与机壳间应能承受频率 50Hz 正弦波交流电压（500V）历时 1min 的绝缘强度试验，无击穿或飞弧现象。

逆变器交流输出与机壳间应能承受频率 50Hz 正弦波交流电压（1500V）历时 1min 的绝缘强度试验，无击穿或飞弧现象。

9. 保护功能

欠压保护：使输入电压低于标称值 90% 时，逆变器应能自动关机保护。

过电流保护：使逆变器工作电流超过额定值 50% 时，逆变器应能自动保护。

10. 短路保护

通过降低可变负载电阻至 0（或移出负载电阻而短接终端），使逆变器交流输出短路，逆变器应能自动保护。

11. 极性反接保护

逆变器的正极输入端连接到直流电源负极，逆变器的负极输入端连接到直流电源正极，逆变器应能自动保护。

12. 防雷电保护

逆变器应具有雷电保护功能。目测检查是否有防雷器件，或按防雷器件的技术指标要求，用雷击试验仪对其进行雷击电压波与电流波的试验，应能保证吸收预期的冲击能量。

此外，逆变器的高压输出端应使用安全插座，其电极不会被人手触及。单相逆变器不要连到三相负载；光伏系统逆变器的交流输出必须依照供电系统的要求接地。

二、防孤岛效应的检测

当电力公司的供电，因故障事故或停电维修而跳脱时，各个用户端的太阳能并网发电系统，未能即时检测出停电状态，而将自身切离市电网路，由太阳能并网发电系统和周围的负载形成一个电力公司无法掌握的自给供电孤岛状态。一般来说，孤岛效应可能对整个配电系统设备及用户端的设备造成不利的影响，包括：

① 电力公司输电线路维修人员的安全危害；
② 影响配电系统上的保护开关动作程序；
③ 电力孤岛区域所发生的供电电压与频率的不稳定现象；
④ 当电力公司供电恢复时所造成的相位不同步问题；
⑤ 太阳能供电系统因单相供电而造成系统三相负载的欠相供电问题。

防止孤岛效应的基本点和关键点是电网断电的检测。通常在配电开关跳脱时，如果太阳能供电系统的供电量和电网负载需求量之间的差异很大，市电网络上的电压及频率将会发生很大的变动，此时可以利用系统软硬件所规定的电网电压的过（欠）电压保护设置点，及过（欠）频率保护设置点来检测电网断电，从而防止孤岛效应。可是当太阳能供电系统的供电量与网路负载需求量平衡或差异很小时，则当配电开关跳脱后，并网系统附近市电网络上的电压及频率的变动量，将不足以被保护电路所检测到，还是会有孤岛效应产生。虽然出现这种情况的概率并不高，但在光伏并网系统大规模应用的情况下，孤岛效应必须万无一失的得到防止。逆变器与电网断开的时间限制如表 6.3 所示。

表 6.3 孤岛效应最大检测时间的限制

状态	断电后电压幅值	断电后电压频率	允许的最大检测时间
A	$0.5V_{nom}$ ①	f_{nom} ②	6s
B	$0.5V_{nom}<V<0.88V_{nom}$	f_{nom}	2s
C	$0.88V_{nom} \leqslant V \leqslant 1.10V_{nom}$	f_{nom}	2s
D	$1.10V_{nom}<V<1.37V_{nom}$	f_{nom}	2s
E	$1.37V_{nom} \leqslant V$	f_{nom}	2s
F	V_{nom}	$f<f_{nom}-0.7Hz$	6s
G	V_{nom}	$f>f_{nom}+0.5Hz$	6s

① V_{nom} 指电网电压幅值的正常值。对于中国的单相市电,为交流 220V (有效值)。
② f_{nom} 指电网电压频率的正常值。对于中国的单相市电,为 50Hz。

孤岛效应检测技术,一般可分成被动式及主动式两类。被动式检测技术一般是利用监测市电状态,如电压、频率作为判断市电是否出现故障的依据。而主动检测法,则是由电力逆变器定时产生干扰信号,观察市电的是否受到影响以作为判断依据,因为市电可以看为是一个容量无穷大的电压源。

1. 被动式检测方法

由于发生孤岛情况时,其电压及频率均不稳定,被动式检测方法利用此点效应来判断是否发生孤岛情况。依参考的电力参数不同,可分成以下几种方法。

(1) 利用保护电路监测

一般的太阳能发电系统均会装置四种保护电路:过电压保护、低电压保护、过频率保护及低频率保护。这四种保护电路提供了最基本的保护功能,一旦逆变器的输出电压、输出频率超过正常的范围时,即将市电视为有故障发生,保护电路即会将并网系统切离市电网络。

但是,当逆变器的输出功率与负载功率达成平衡时,则会因系统的电压及频率变动过小,使得控制系统无法检测而失去作用。

(2) 电压谐波检测法

此方法适用于电流控制型变流器,因电流控制型变流器主要参考信号为市电电压,当市电故障时,并网逆变器的输出电流可能在电力变压器上产生失真的电压波形,而此失真的电压波形被采集成为逆变器输出电流的参考波型,即会造成逆变器输出电压将含有较大的谐波成分,因此可由此点判断是否发生孤岛情况。

(3) 急剧相位偏移检测

此方法用以检测当市电突然断电时,电力逆变器的电压及电流相位差由负载决定,当相位偏移超过某一范围时,即表示市电发生故障,则将太阳能发电系统脱离市电网络。但若负载所造成的相位差并不大时,则无法检测出来。

2. 主动式检测方法

主动式检测方式是通过控制变流器输出或外加阻抗等方式主动扰动系统。当发生孤岛情况时,主动扰动将造成系统的不稳定,即使是在发电输出功率与负载功率平衡的状态下,也会通过扰动破坏功率平衡状态,造成系统的电压、频率有明显变动,再通过控制单元检测出来,而将太阳能发电系统与市电隔离,防止孤岛现象的发生。主动方法主要有下列几种方式。

(1) 输出电能变动方式

通过控制变流器的输出,施以系统周期性的有功电能或无功电能扰动,当市电中断时,由于系统失去稳定的参考电源,扰动将造成系统电压或频率明显的变动,而检测出孤岛现象。

(2) 加入电感或电容器

此方法是在电力系统输配线路上加装一电感或电容器,当市电中断或故障时,即将电感或电容器并入,通过无效功率破坏系统平衡状态,达到对电压、频率的扰动,使太阳能发电系统能检测到并与市电解除并联。其中插入的并联阻抗应容量小且短时间插入为宜,以免对系统造成过大影响而发生误动作。

(3) 自动频率偏移方式

此方式通过偏移市电电压采样信号的频率来做为变流器的输出电流频率,造成对系统频率的扰动,即由频率保护电路来检出孤岛现象,但此法会造成系统供电的不稳定以及输出功率因数降低的缺点。

图 6.14 给出了防孤岛效应保护测试电路原理图,K_1 为被测逆变器的网侧分离开关,K_2 为被测逆变器的负载分离开关。负载采用可变 RLC 谐振电路,谐振频率为被测逆变器的额定频率 (50/60Hz),其消耗的有功功率与被测逆变器输出的有功功率相当。

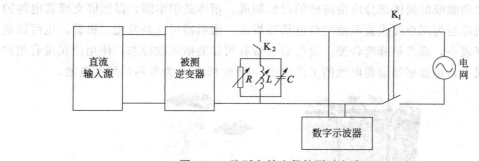

图 6.14 防孤岛效应保护测试电路

测试步骤如下:

① 闭合 K_1,断开 K_2,启动逆变器。通过调节直流输入源,使逆变器的输出功率 P_{EUT} 等于额定交流输出功率,并测量逆变器输出的无功功率 Q_{EUT};

② 使逆变器停机,断开 K_1;

③ 通过以下步骤调节 RLC 电路使得 $Q_f = 1.0 \pm 0.05$;

a. RLC 电路消耗的感性无功满足关系式:$Q_L = Q_f \times P_{EUT} = 1.0 \times P_{EUT}$;

b. 接入电感 L,使其消耗的无功等于 Q_L;

c. 并入电容 C,使其消耗的容性无功满足关系式:$Q_C + Q_L = -Q_{EUT}$;

d. 最后并入电阻 R,使其消耗的有功等于 P_{EUT};

④ 闭合 K_2 接入 RLC 电路,闭合 K_1,启动逆变器,确认其输出功率符合步骤①的规

定。调节 R、L、C，直到流过 K_1 的基频电流小于稳态时逆变器额定输出电流的1%；

⑤ 断开 K_1，记录 K_1 断开至逆变器输出电流下降，并维持在额定输出电流的1%以下之间的时间。

任务五 蓄电池与充放电控制检测

【任务目标】

1. 掌握蓄电池性能的检测；
2. 掌握充放电控制器的检测。

【任务描述】

当白天阳光充足时，光伏电池发出的电能对负载而言可能有多余，而晚上或阴雨天时光伏电池的输出功率为零或很小，不能满足负载的要求。因此需要一个储能装置作为太阳电池电能不足时的补充，这样可大大提高太阳光能的利用率。

【任务实施】

一、蓄电池性能的检测

用精度为1mm的直尺或具有同等以上精度的量具测量蓄电池的外形尺寸。应在蓄电池电极端涂上防锈黄油，以保护蓄电池的电极端不被腐蚀。蓄电池必须提供便于用螺栓连接的极柱。根据蓄电池的类型和放置地点确定是否需要蓄电池箱体。蓄电池箱体应具备一定的通风条件且结构合理，以避免用户触摸到电极或电解液。箱体必须用耐久材料制造，对可能接触到酸液的箱体部分应由防酸的材料制成。箱体必须牢固，以能够支撑蓄电池的重量。系统应当为用户提供蓄电池的荷电状态指示：指示器可以是发光二极管，也可以是模拟或数字表头，或者是蜂鸣告警。设备必须带有明显的指示或标志，使用户在没有用户手册的情况下，也能够知道蓄电池的工作状态。图6.15所示为常用铅酸蓄电池。

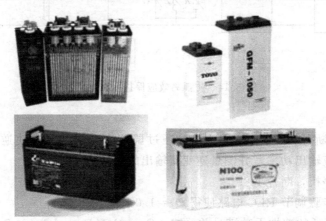

图6.15 常用铅酸蓄电池

二、充放电控制器的检测

依据 GB/T 19064—2003 规定，控制器应能满足如下要求：

a. 能提供承受负载短路的电路保护；

b. 能提供承受负载、太阳能电池组件或蓄电池极性反接的电路保护；
c. 能提供承受充放电控制器、逆变器和其他设备内部短路的电路保护；
d. 能提供承受在多雷区由于雷击引起的击穿保护；
e. 能提供防止蓄电池通过太阳能电池组件反向放电的保护。

充放电控制器的电压降不得超过系统额定电压的 5%，耐振动性能在 $10 \sim 55\mathrm{Hz}$，振幅 $0.35\mathrm{mm}$，沿三轴方向各振动 $30\mathrm{min}$ 后，设备应能正常工作。图 6.16 为充放电控制器外形。

图 6.16 充放电控制器外形

1. 充满断开和恢复功能

如图 6.17 所示，将直流电源接到蓄电池的输入端子上，模拟蓄电池的电压。调节直流电源的电压，使其达到充满断开点，控制器应当断开充电回路；降低电压到恢复充电点，控制器应能重新接通充电回路。

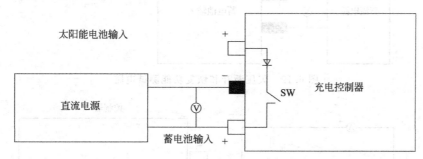

图 6.17 充满断开和恢复功能测试

脉宽调制型控制器的测试电路如图 6.18 所示。用直流稳压电源代替太阳能电池方阵，通过控制器给蓄电池充电。当蓄电池电压接近充满点时，充电电流逐渐变小；当蓄电池电压达到充满值时，充电电流应接近于 0。当蓄电池电压由充满点向下降时，充电电流应当逐渐增大。

2. 欠压断开和恢复功能

如图 6.19 所示，将直流电源接到蓄电池输入端，模拟蓄电池的电压。将可变电阻接到负载端，模拟负载。将放电回路的电流调到额定值，然后将直流电源的电压调至欠压断开点，控制器应能自动断开负载；将电压回调至恢复点，控制器应能再次接通负载。如果是带欠压锁定功能的控制器，当直流输入电压达到欠压恢复点之上，控制器复位后应能接通负载。

3. 反向放电保护

如图 6.20 所示，将电流表加在太阳能电池组件的正、负端子之间（相当于将太阳能电池组件端短路），调节接在蓄电池端的直流电源电压，检查有无电流流过。如果没有电流，说明具有反向放电保护。

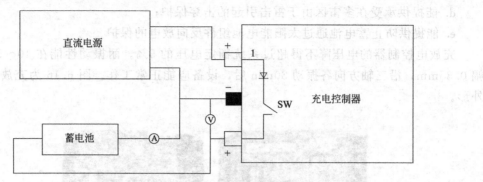

图 6.18 脉宽调制型控制器的测试电路

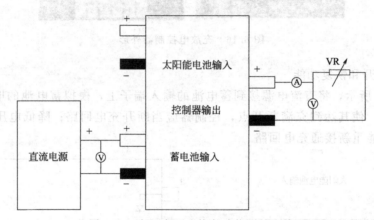

图 6.19 欠压断开和恢复功能测试电路

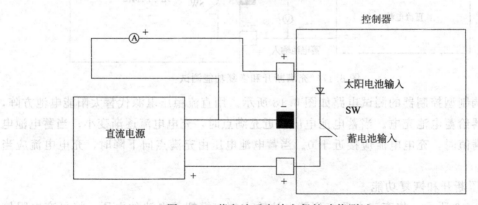

图 6.20 蓄电池反向放电保护功能测试

任务六 防雷与接地的检测

【任务目标】

1. 掌握防雷接地的要求；

2. 掌握防雷接地的检测的方法；

【任务描述】

独立光伏电站的防雷直接关系到人身和设备的安全，在进行防雷设计时，必须做到全方位防护，保证光伏电站长期稳定、安全、可靠运行。

【任务实施】

一、防雷接地概述

防雷装置包括接闪器、接地体、接地线、引下线、过电压保护器。将接闪器、被保护装置、设备或过电压保护器用接地线与接地体连接，称为防雷接地。光伏发电系统过压保护如图 6.21 所示。

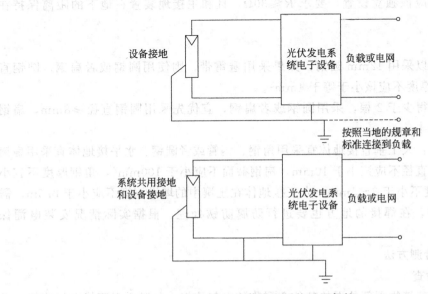

图 6.21　光伏发电系统过压保护

光伏电站接地系统通常有两大类，一是强电接地，主要指防雷接地，包括避雷针、避雷带以及低压避雷器、外线出线杆上的瓷瓶铁脚，还有连接架空线路的电缆金属外皮；二是弱电接地，主要指工作接地：逆变器、蓄电池的中性点、电压互感器和电流互感器的二次线圈，安全接地：光伏电池组件机架、控制器、逆变器、以配电屏外壳、蓄电池支架、电缆外皮、穿线金属管道的外皮，其次还有屏蔽接地：电子设备的金属屏蔽；重复接地：低压架空线路上，每隔 1 公里处接地等。按照 GB 50057—94《建筑防雷设计规范》中相关规定，太阳能光伏电站属于三级防雷建筑物，防雷和接地应满足如下要求。

1. 电站站址的选择

（1）尽量避免将光伏电站建筑在雷电易发生的和易遭受雷击的位置。

（2）尽量避免避雷针的投影落在太阳电池组件上。

（3）防止雷电感应：控制机房内的全部金属物，包括设备、机架、金属管道、电缆的金属外皮都要可靠接地，每件金属物品都要单独接到接地干线，不允许串联后再接到接地干线上。

（4）防止雷电波侵入：在出线杆上安装阀型避雷器，对于低压的 220/380V 可以采用低压阀型避雷器。要在每条回路的出线和零线上装设。架空引入室内的金属管道和电缆的金属外皮在入口处可靠接地，冲击电阻不宜大于 30Ω。接地的方式可以采用电焊，如果没有办法采用电焊，也可以采用螺栓连接。

2. 接地系统的要求

所有接地都要连接在一个接地体上，接地电阻满足其中的最小值，不允许设备串联后再接到接地干线上。光伏电站对接地电阻值的要求较严格，因此要实测数据，建议采用复合接地体。

(1) 电气设备的接地电阻 $R \leqslant 4\Omega$，满足屏蔽接地和工作接地的要求。

(2) 在中性点直接接地的系统中，要重复接地，$R \leqslant 10\Omega$。

(3) 防雷接地应该独立设置，要求 $R \leqslant 30\Omega$，且和主接地装置在地下的距离保持在 3m 以上。

3. 其他

(1) 接闪器可以采用 12mm 圆钢，如果采用避雷带，则使用圆钢或者扁钢，圆钢直径 $\geqslant 48$mm，扁钢厚度不应该小于等于 4mm^2。

(2) 引下线不得少于 2 根，采用圆钢或者扁钢，宜优先采用圆钢直径 $\geqslant 8$mm，扁钢的厚度不应该小于 4mm。

(3) 接地装置：人工垂直接地体宜采用角钢、钢管或者圆钢。水平接地体宜采用扁钢或者圆钢。圆钢的直径不应该小于 10mm，扁钢截面不应小于 100mm^2，角钢厚度不宜小于 4mm，钢管厚度不小于 3~5mm。人工接地体在土壤中的埋设深度不应小于 0.5m，需要热镀锌防腐处理，在焊接的地方也要进行防腐防锈处理。根据实际情况安装电涌保护器。

二、防雷接地的检测方法

1. 接闪器的检查

检查接闪器与建筑物顶部外露的其他金属物的电气连接，与避雷引下线电气连接，天面设施等电位连接。

检查接闪器的位置是否正确，焊接固定的焊缝是否饱满无遗漏，螺栓固定的应加背帽等防松零件是否齐全，焊接部分补刷的防腐油漆是否完整，接闪器是否锈蚀 1/3 以上。避雷带是否平正顺直，固定点支持件是否间距均匀，固定可靠，避雷带支持件间距是否符合水平直线距离为 0.5~1.5m 的要求。每个支持件能否承受 49N 的垂直拉力。

首次检测时应检查避雷网的网格尺寸是否符合 $\leqslant 20$mm$\times 20$mm 或 24mm$\times 16$mm 要求。

首次检测时应测量接闪器的规格尺寸，应符合 GB 50057—1994 的要求。

首次检测时应用经纬仪或测高仪和卷尺测量接闪器的高度、长度，建筑物的长、宽、高，然后根据建筑物防雷类别用滚球法计算其保护范围。

检查接闪器上有无附着的其他电气线路。

2. 引下线的检查

(1) 检查明敷引下线是否平直，无急弯。卡钉是否分段固定，且能承受 49N 的垂直拉力。引下线支持件间距是否符合水平直线部分 0.5~1.5m，垂直直线部分 1.5~3m，弯曲部分 3~0.5m 的要求。

(2) 检查引下线、接闪器和接地装置的焊接处是否锈蚀，油漆是否有遗漏及近地面的保护设施。

(3) 首次检测时应用卷尺测量每相邻两根引下线之间的距离，记录引下线布置的总根数，每根引下线为一个检测点，按顺序编号检测。

(4) 首次检测时应用游标卡尺测量每根引下线的规格尺寸，圆钢直径不小于8mm，扁钢截面积不小于$48mm^2$，厚度不小于4mm。

(5) 检查明敷引下线上有无附着的其他电气线路。测量明敷引下线与附近其他电气线路的距离，一般不应小于1m。

3. 接地装置的检测

(1) 首次检测时应查看隐蔽工程记录；检查接地装置的结构和安装位置；检查接地体的埋设间距、深度、安装方法；检查接地装置的材质、连接方法、防腐处理。

(2) 检查接地装置的填土有无沉陷情况。

(3) 检查有无因挖土方、敷设管线或种植树木而挖断接地装置。

(4) 首次检测时应检查相邻接地装置的地中距离。

(5) 用毫欧表检测两相邻接地装置的电气连接，如测得阻值大于1Ω，断定为电气导通，如测得阻值偏大，则判定为各自独立接地。

(6) 接地装置的接地电阻测量

① 三极法测接地电阻 三极法的三极是指被测接地装置G，测量用的电压极P和电流极C，见图6.22。图中测量用的电流极C和电压极P离被测接地装置G边缘的距离为

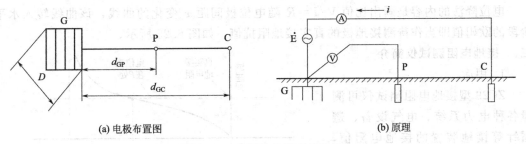

(a) 电极布置图   (b) 原理

图6.22 三极法的原理接线图

G—被测接地装置；P—测量用的电压极；C—测量用的电流极；$\dot{E}$—测量用的工频电源；
A—交流电流表；V—交流电压表；D—被测接地装置的最大对角线长度

$d_{GC}=(4\sim5)D$ 和 $d_{GP}=(0.5\sim0.6)d_{GC}$，D为被测接地装置的最大对角线长度，点P可以认为是处在实际的零电位区内。为了较准确地找到实际零电位区时，可把电压极沿测量用电流极与被测接地装置之间连接线方向移动三次，每次移动的距离约为d_{GC}的5%，测量电压极P与接地装置G之间的电压。如果电压表的三次指示值之间的相对误差不超过5%，则可以把中间位置作为测量用电压极的位置。

把电压表和电流表的指示值U_G和I代入式$R_G=\dfrac{U_G}{I}$中去，得到被测接地装置的工频接地电阻R_G。

当被测接地装置的面积较大而土壤电阻率不均匀时，为了得到较可信的测试结果，宜将电流极离被测接地装置的距离增大，同时电压极离被测接地装置的距离也相应增大。

在测量工频接地电阻时，如 d_{GC} 取 $(4\sim5)D$ 值有困难，当接地装置周围的土壤电阻率较均匀时，d_{GC} 可以取 $2D$ 值，而 d_{GP} 取 D 值；当接地装置周围的土壤电阻率不均匀时，d_{GC} 可以取 $3D$ 值，d_{GP} 值取 $1.7D$ 值。

② 用接地电阻表测量接地装置的接地电阻值。接地电阻值应取三次测量的平均值。

接地电阻的测试方法多采用电位降法。电位降法将电流输入待测接地极，记录该电流与该接地极和电位极间电位的关系。设置一个电流极 C，以便向待测接地极输入电流，如图 6.23 所示。

流过待测接地极 E 和电流极 C 的电流 I，使地面电位沿电极 C、P、E 方向变化，如图 6.24 所示，以待测接地极 E 为参考点测量地面电位，为方便计，假定该 E 点为零电位。

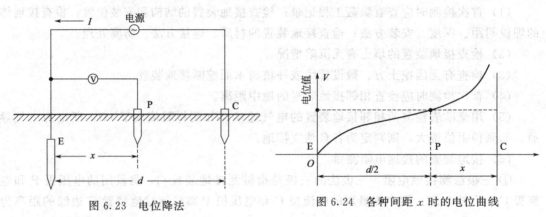

图 6.23　电位降法　　　　　　图 6.24　各种间距 x 时的电位曲线

电位降法的内容是画出比值 $V/I=R$ 随电位极间距 x 变化的曲线，该曲线转入水平阶段的欧姆值即当作待测接地极的真实接地阻抗值，如图 6.25 所示。

三、接地电阻测试仪简介

1. 用途

ZC29 型接地电阻测试仪可测量各种电力系统、电气设备、避雷针等接地装置的接地电阻值，亦可测量低电阻导体的电阻值，还可测量土壤电阻率。

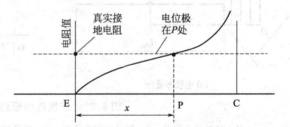

图 6.25　各种间距 x 时的接地阻抗值

2. 规格及性能

（1）规格　见表 6.4。

表 6.4　ZC29 型接地电阻测试仪规格

型　号	测量范围/Ω	最小分度值/Ω	辅助探棒接地电阻值/Ω
ZC 29B-1 型	0～10	0.1	≤1000
	0～100	1	≤2000
	0～1000	10	≤5000
ZC29B-2 型	0～1	0.01	≤500
	0～10	0.1	≤1000
	0～100	1	≤2000

(2) 使用温度　－20～＋50℃。

(3) 相对湿度　85%(＋25℃)。

(4) 准确度　在额定值的30%以下为额定值的±1.5%，在额定值的30%以上至额定值为指示值的±5%。

(5) 摇把转速　每分钟150转。

(6) 倾斜影响　向任一方向倾斜10°，指示值改变不越出准确度。

(7) 温度影响　周围温度对标准温度每变化±10℃时，仪表指示值的改变不超过±1.2%。

(8) 外磁场的影响　对外界磁场强度为400A/m时，仪表指示值的改变不超过±2.5%。

(9) 绝缘电阻　在温度为室温，相对湿度不大于85%情况下，不小于20MΩ。

(10) 绝缘强度　线路与外壳间的绝缘能承受50Hz的正弦波交流电压0.5kV历时1min。

3. 结构和工作原理

(1) 结构　ZC29型接地电阻测试仪由手摇发电机、电流互感器、滑线电阻及检流计等组成。全部机构装在塑料壳内，外有皮套便于携带。

(2) 工作原理　当发电机摇柄以每分钟150转的速度转动时，产生105～115Hz的交流电，测试仪的两个E端经过5m导线接到被测物，P端钮和C端钮接到相应的两根辅助探棒上。电流I_1由发电机出发经过R_5电流探棒C′至大地，被测物和电流互感器C_T的一次绕组回到发电机，由电流互感器二次绕组感应产生I_2通过电位器R_S，借助调节电位器R_S可使检流计到达零位。

4. 使用说明

(1) 沿被测接地极（线）E′使电位探棒P′和电流探棒C′依直线彼此相距20m，且电位探棒P′系在E′和C′之间。

(2) E端钮接5m导线，P端钮接20m导线，C端钮接40m导线。

(3) 将仪表放置水平而后检查检流计是否指向零，否则可将零位调整器调节零位。

(4) 将"倍率标度"置于最大倍率，慢慢摇动发电机的摇把，左手同时旋动电位器刻度盘，使检流计指针指向"0"。

(5) 当检流计的指针接近平衡（很小摆动）时，加快发电机摇柄转速，使其达到每分钟150转。再转动电位器刻度盘，使检流计平衡（指针指向"0"），此时电位器刻度盘的读数乘以倍率，即为被测接地电阻的数值。

(6) 当刻度盘读数小于1时，应将倍率开关置于较小倍率，重新调整刻度盘以得到正确读数。

(7) 当测量小于1Ω的接地电阻时，应将E端和E′端之间的连接片拆开，分别用两根导线（E端接到被接地物体的接地线上，E′端接到靠近接地体的接地线上），以消除测量时连接导线电阻的附加误差，操作步骤同上。

(8) 当检流计的灵敏度过高时，可将二根探棒插入土壤浅一些，当检流计灵敏度过低时，可沿探棒注水使其湿润。

图6.26所示为接地电阻的接线方式。

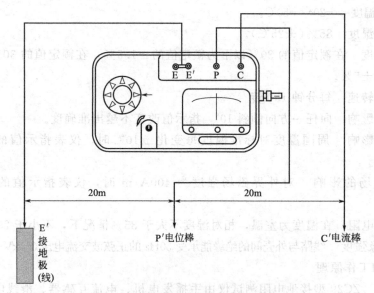

图 6.26 接地电阻测量时的接线方式

任务七　光伏系统自动检测

【任务目标】
1. 了解光伏发电监控系统简介；
2. 掌握光伏操作系统的操作、调试、运行；

【任务描述】
光伏系统阵列大多数设置在偏远的地区，为了保证光伏电站长期稳定、安全、可靠运行，需要对光伏系统设备的运行进行监控，本任务采用数据采集与监控系统进行检测及分析。

【任务实施】

一、光伏发电监控系统简介

为了对光伏电站的性能进行有效评估，并对日照数据、环境、温度变化引起电站的发电量变化情况进行实时监控，光伏电站广泛采用数据采集与监控系统进行管理。在遥远的沙漠、荒漠、海岛等无人居住区甚至配备了遥控监管系统，实行无人化的高度智能化管理。采集监控系统如图 6.27 所示，测量的参量包括辐照度、环境大气温度、风速、组件温度、电压和电流、电功率、数据采集系统等。随着嵌入式系统的迅速发展，各式各样数据采集监控系统相继产生。

1. 工作原理

以数字信号处理器 F240 为控制核心的数据采集卡将并网系统各个运行参数、运行状态、故障参数等数据发送给控制主机；控制主机将运行模式、有功并网电流、无功并网电流、系统启停等指令信号传送给 F240，通过串口读入运行数据和发出控制命令。读入的运行数据或故障数据分别存入运行数据库或故障数据库；读入的运行数据或故障数据在主

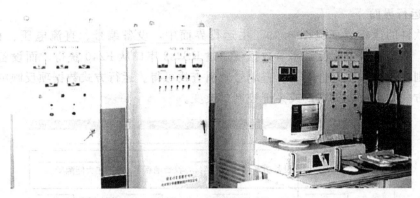

图 6.27 采集监控系统

运行画面上以曲线和数值的方式实时显示,并能够根据用户设定的报警值发出报警信号;可根据需要改变并网发电系统的运行状态,即在以下两种状态下切换:并网运行、太阳电池单独发电,也可在必要时关闭并网发电系统;可以自由设定输入电网的有功并网电流和无功并网电流的大小;可方便地查询运行数据库和故障数据库;打印或以图形形式存储当前运行数据和波形。

2. 系统的软硬件基础

F240 提供的串行通信接口(SCI)模块,支持 CPU 使用标准 NRZ(非归零)格式的异步设备之间的数字通信。TMS320F240 通过引脚 SCIRXD(串行数据接收端)和 SCJTXD(串行数据发送端)进行串行通信。具有以下特点:

(1) 具有一个可编程的波特率发生器,可得到超过 65000 种不同的可编程速率;

(2) F240 接收和发送数据可同时或独立地进行;

(3) SCI 为接收器和发送器提供独立的中断请求和中断向量。

基于以上硬件特色,F240 可以和控制 PC 通过串口进行较高速率的实时通信(19200bps)。

同时,由于 F240 的 SCI 模块的输入引脚 SCIRXD 和输出引脚 SCITXD 为 TTL 电平,而 PC 机的 RS232 接口为 ±15V 电平,所以两者之间需要使用电平转换电路,见图 6.28。实际的设计中使用 MAXIM 公司的转换芯片 MAX232 芯片完成该功能。

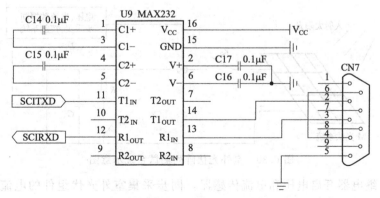

图 6.28 F240 与 PC 之间的串口电平转换电路

3. 主运行界面

测控软件的运行界面见图 6.29，主运行界面中，设备编号、直流电压、直流电流、交流电压、交流电流、交流频率等数据项通过 RS232 串口从 F240 获得。而设备功率、设备地点，则在运行数据库中通过设备编号索引查找可得。运行方式数据项反映的是目前的系统运行方式，可由直接用户或系统控制员改变。

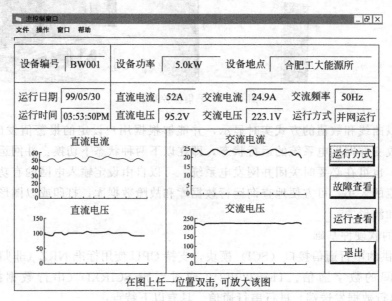

图 6.29 软件运行界面

图 6.30 所示为光伏阵列测试原理示意图。太阳光照射到光伏阵列上后，在开路情况下产生光生电压 U，此时如果闭合开关 K_2，打开 K_1，那么外电路就会导通，电容器 C 开始充电，直至电压与 U 相同。这个过程中电容器两端电压从 0 上升到 U，电路电流从最大输出 I_{SC} 到 0，电容器在这个电路中的作用相当于一个可变负载。如果把这个过程中的数据记录下来，那么就可以描绘出光伏阵列输出电流-电压的变化曲线。等到电容器充电完毕之后，打开开关 K_2，闭合开关 K_1，光伏阵列重新处于开路状态，电容器通过电阻 R 放电。依据上述原理设计的测试系统控制图如图 6.31 所示。

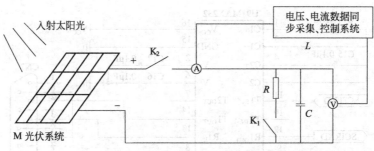

图 6.30 室外光伏阵列测试系统示意图

工作时，继电器开启电压和电流传感器，同步采集室外光伏组件的电流电压模拟量，通过数据采集卡转换成数字量，由组态软件通过计算机接口储存在计算机数据库里。通过相应程序可随时读取数据并生成电流-电压曲线。采集到预定时间后，继电器闭合传感器

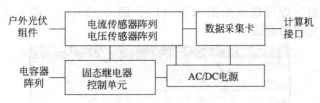

图 6.31 测试系统控制图

阵列,之后控制电容器放电,达到设定的时间间隔后进入下一个数据采集循环。

图 6.32 所示为测试系统。

(a) 测试系统外观

(b) 控制部分

(c) 超级电容器

图 6.32 户外光伏测试系统

二、系统操作、调试及运行

采样间隔时间为 20min,采样时间 15s,采样频率为 10 对/s。采集后的数据经 PC Auto 软件储存在 Microsoft Access 数据库里。经过数据读取和编辑软件处理后,可以实现查询编辑电流-时间曲线、电压-时间曲线、功率-时间曲线和 I-V 曲线的功能。通过"日期"项下拉列表可以选择日期,"最大值按"一栏里有 3 个下拉选项,分别是电流、电压、功率,默认为功率;"图表"选项包含两项:电流-电压,最大值-时间。查询时,首先选定日期,然后选择"最大值"一栏,之后选择"图表"栏里的"电流-电压"项,点击"查询"按钮,得到图 6.33(a)所示的结果。图中的曲线即 I-V 曲线。如果想得到该曲线对应的精确短路电流和开路电压,则可以分别改变"最大值"一栏至电流和电压,找到相同时间附近的值，即可显示出图 6.33（b）、图 6.33（c）、图 6.33（d）所示为采集数据时功率随时间变化的曲线。

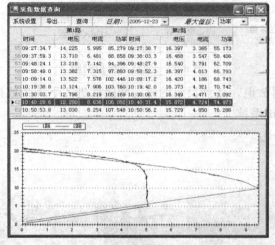

(a) I-V 曲线

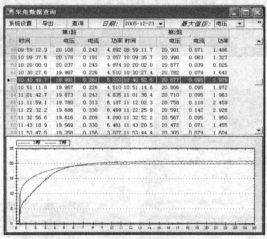

(b) 电压-时间曲线

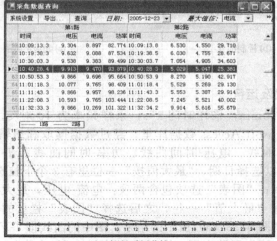

(c) 电流-时间曲线

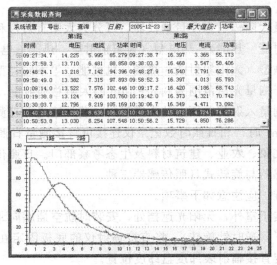

(d) 功率-时间曲线

图 6.33 运行情况

该系统的性能见表 6.5。

表 6.5 系统性能

性能	说明
测试功率范围	0～1000W,可扩展
测量方式	单次/连续长期循环测量
操作模式	全自动
测量精度	±0.3%
测量参数	$V_{oc}, I_{sc}, P_{max}, I_{mp}, V_{mp}$
电压范围/V	0～70
电流范围/A	25
工作温度/℃	−40～60
采样频率/(数据对/秒)	0～2000 可调

【任务拓展】

一、太阳辐射概述

对于太阳能光伏系统而言，系统安装地的日照数据详细记录对于设计和营运维护都具有重要意义，最常使用的数据是水平面上太阳总辐射能量的日平均值。由于太阳电池对不同波长的光谱有着不同的响应，因此太阳光能量的精确分布对于太阳电池的工作情况有着重要的意义。太阳常数可定量描述这一能量分布情况，光伏领域采用的太阳常数值为 $1.353kW/m^2$ 的。到达地面的太阳光除了直接由太阳辐射来的分量外，还包括由大气层散射引起的散射辐射分量，在晴朗的白天，散射辐射占水平面所能接收到太阳总辐射量的 10%～20%。太阳电池方阵面上所获得的辐射量决定了它的发电量。太阳电池方阵面上所获得辐射量的多少与很多因素有关：当地的纬度、海拔、大气的污染程度或透明程度，一年当中四季的变化，一天当中时间的变化，到达地面的太阳辐射直、散分量的比例，地表面的反射系数，太阳能电池方阵的运行方式或固定方阵的倾角变化以及太阳能电池方阵表面的清洁程度等。

二、太阳辐射仪原理

太阳辐射仪是测量太阳辐射强度量的仪器,可分为太阳直射仪和太阳总辐射仪;也可分为卡计型(太阳辐射能—热能)、热电型(太阳辐射能—热能—电能)、光电型(太阳辐射能—电能)以及机械型(太阳辐射能—热能—机械能)等不同类型。其中最常用的是热电型太阳辐射表,用于测量光谱范围为 $0.3\sim3\mu m$ 的太阳总辐射量,若感应面向下可测量反射辐射,也可用来测量入射到斜面上的太阳辐射,若加遮光环可测量散射辐射。当太阳直辐射量超过 $120W/m^2$ 时,和日照时数记录仪连接可直接测量日照时数。该仪表可广泛应用于太阳能利用、气象、农业、建筑材料及生态考察部门。日照传感器主要有直接辐射表、双金属片日照传感器与旋转式日照传感器三种。

系统安装使用与维护应注意如下事项。

(1) 辐射仪应安装于室外,无阳光遮挡处,安装时航空插座向北,安装完毕,将传感器上的保护金属盖取下(逆时针旋转)。将直接辐射仪的底板固定在观测平台上。调整水平,根据当地纬度确定直接辐射表纬度盘纬度位置。

(2) 根据使用说明书中时差表及当地经度计算出当地真太阳时,转动跟踪装置后钮子开关跟踪到确定位置后,再调回到自动跟踪状态。

习 题

1. 电能质量指的是什么?如何鉴定它的性能?
2. 阐述太阳辐射强度的定义和太阳辐射仪的工作原理。
3. 什么是孤岛效应?它主要体现在哪些方面?对它的检测手段有哪些?
4. 蓄电池如何进行分类?主要结构是什么?如何确定充电时间?
5. 什么是防雷接地?阐述光伏系统的避雷措施。

参 考 文 献

[1] IEC 60904-1：Photovoltaic devices – Part1：Measurement of photovoltaic current voltage characteristics，2006.
[2] IEC 60904-2：Photovoltaic devices-Part2：Requirements for reference solar cells，2007.
[3] IEC 60904-3：Photovoltaic devices-Part3：Measurement principles for terrestrial photovoltaic (PV) devices with reference spectral irradiance data，2008.
[4] IEC 60904-4：Photovoltaic devices-Part4：Reference solar devices-Procedures for establishing calibration traceability，2009.
[5] IEC 60904-7：Photovoltaic devices-Part7：Computation of the spectral minmatch correction for measurements of photovoltaic devices，2008.
[6] IEC 60904-9：Photovoltaic devices-Part9：Solar simulator performance requirements，2007.
[7] ISO/IEC 17025：General requirements for competence of testing and calibration laboratories，2005.
[8] IEC 60891：Photovoltaic devices-Procedures for temperature and irradiance corrections to measured I-V characteristics，2009.
[9] GB 6494—86 航天用太阳电池电性能测试方法．
[10] GB/T 6495.1—1996 光伏器件第1部分：光伏电流-电压特性的测量．
[11] GB/T 6495.2—1996 光伏器件第2部分：标准太阳电池的要求．
[12] 于培诺，高汝金，李春燕．关于太阳电池效率的测定．太阳能学报，1981，2（4）．
[13] 宋文祥，沈辉，于培诺，程世昌，丁孔贤．小型室外光伏阵列测试系统．可再生能源，2006，（6）．
[14] 王长贵，王斯成．太阳能光伏发电实用技术，第2版．北京：化学工业出版社，2009.
[15] 崔容强，赵春江，吴达成．并网型太阳能光伏发电系统．北京：化学工业出版社，2007.
[16] 宋文祥．太阳电池组件和户外光伏系统的测试研究．[D]．中国科学院研究生院，2006.
[17] 赵为．太阳能光伏并网发电系统的研究．[D]．合肥工业大学，2003.
[18] 王庆祥．电网谐波的产生及其检测方法分析．现代电子技术，2009，32（9）．
[19] 邓晓敏．太阳能光伏建筑构件的设计与分析．[D]．华南理工大学，2006.
[20] 邓涛．光伏系统优化设计与新型太阳能电动车的研制[D]．中山大学，2006.
[21] 张臻．太阳电池组件封装材料．工艺及其应用研究．[D]．中国科学院研究生院．2003.
[22] 宋文祥，沈辉，于培诺，程世昌，丁孔贤．采用电容充放电原理的小型室外光伏阵列测试系统．可再生能源，2007，（2）．

参考文献

[1] IEC 60904-1, Photovoltaic devices - Part 1: Measurement of photovoltaic current-voltage characteristics, 2006.
[2] IEC 60904-2, Photovoltaic devices-Part 2: Requirements for reference solar cells , 2007.
[3] IEC 60904-3, Photovoltaic devices-Part 3: Measurement principles for terrestrial photovoltaic (PV) devices with reference spectral irradiance data, 2008.
[4] IEC 60904-5, Photovoltaic devices-Part 5: Reference solar devices-Procedures for establishing calibration traceability, 2006.
[5] IEC 60904-7, Photovoltaic devices-Part 7: Complete kit of the spectral mismatch correction for measurements of photovoltaic devices, 2008.
[6] IEC 60904-9, Photovoltaic devices-Part 9: Solar simulator performance requirements, 2007.
[7] ISO/IEC 2025, General requirements for competence of testing and calibration laboratories, 2005.
[8] IEC 60891, Photovoltaic devices-Procedures for temperature and irradiance corrections to measured I-V characteristics, 2009.

[9] GB 6495-9 系列太阳光伏组件测试标准规范条件.
[10] GB/T 6495-1-1996 光伏器件第1部分：光伏电流-电压特性的测量.
[11] GB/T 6495-2-1996 光伏器件第2部分：标准太阳电池的要求.
[12] 赵富鑫, 魏彦章. 太阳电池及其应用. 北京: 国防工业出版社, 1985: 2-67.
[13] 陈光明, 李洪志, 陈莉, 等. 半导体光电子器件及其应用. 北京: 机械工业出版社, 2006: 10.
[14] 王长贵, 王斯成. 太阳能光伏发电实用技术. 北京: 化学工业出版社, 2005.
[15] 李春鹏, 张廷元, 周封. 太阳能光伏发电综述. 北京: 电工材料, 2006.
[16] 陈庭金, 刘祖明. 光伏发电应用技术的现状. [J]. 中国科技信息学报, 2005.
[17] 赵玉文. 太阳能光伏发电技术. [J]. 今日工程, 2004.
[18] 崔容强. 晶体硅太阳电池及其制备方法. 材料导报, 2008, 22 (9).
[19] 张艳红. 光伏发电系统及其控制的研究. [D]. 湖南湘潭大学, 2006.
[20] 张强. 太阳能电池光电特性及其模拟组件光电特性的研究. [D]. 山东大学, 2006.
[21] 郭敦, 长程. 太阳能光伏电池. 化学及其在国内外的应用. [D]. 中国科学技术情报, 2002.
[22] 王长贵. 刘守礼, 张飞, 陈进, 丁代明. 我国光伏发电业面临的形势分析及其发展对策. 中国电器业, 2004, (2).